Krapfenbauer-Horsky | Petutschnig

Auf den Spuren der alten HEILKUNST in Wien

VdÄ

Bibiane Krapfenbauer-Horsky
Hans-Peter Petutschnig

Auf den Spuren der alten HEILKUNST in Wien

Medizinische Spaziergänge durch die Stadt

VERLAGSHAUS DER ÄRZTE

Wir danken Alexandra Wolffinger (Ärztekammer für Wien) für die große Hilfe bei der Beschaffung des historischen Bildmaterials.

www.aerzteverlagshaus.at
1. Auflage 2021

ISBN 978-3-99052-204-2
Umschlag & Satz: Grafikbüro Lisa Hahsler, 2232 Deutsch-Wagram
Umschlagfoto: Griechengasse (Foto von Stefan Seelig)
Projektbetreuung: Hagen Schaub
Druck & Bindung: 2impress s.r.o., 83104 Bratislava
Printed in Slowakia

Aus Gründen der leichteren Lesbarkeit – vor allem in Hinblick auf die Vermeidung einer ausufernden Verwendung von Pronomen – haben wir uns dazu entschlossen, alle geschlechtsbezogenen Wörter nur in eingeschlechtlicher Form – der deutschen Sprache gemäß zumeist die männliche – zu verwenden. Selbstredend gelten alle Bezeichnungen gleichwertig für Frauen und transsexuelle Personen.

VORWORT

Die Blütezeit der Wiener Medizinischen Schulen hat Wien zu Weltruhm verholfen. Mit Gerard van Swieten, Ignaz Philip Semmelweis und Theodor Billroth verbindet man bis heute Medizingeschichte. Bereits vor 200 Jahren standen das Allgemeine Krankenhaus, der Narrenturm und das Josephinum.

Dabei reicht die erlebbare Medizingeschichte Wiens noch viel weiter zurück. Denn bereits vor mehr als 650 Jahren wurde die Medizinische Fakultät im Schatten von St. Stephan gegründet. Der Beginn der Heilkunst liegt daher im Herzen Wiens und führt uns durch versteckte Gässchen und unentdeckte Ecken.

Vor etwas mehr als sieben Jahren haben wir uns entschlossen, Wiener Ärztinnen und Ärzten die Medizingeschichte Wiens näherzubringen und medizingeschichtliche Führungen anzubieten. Anfangs waren wir noch eine kleine Gruppe von 20 bis 30 Personen, mittlerweile sind 150 Teilnehmer keine Seltenheit mehr.

Acht der interessantesten Rundgänge haben wir für Sie in diesem Buch zusammengefasst. Lassen Sie sich entführen in die Welt des Mittelalters, der Klostermedizin und der 14 Notheiligen. Erfahren Sie mehr über das „sündige" Wien, über die bahnbrechenden Erkenntnisse der Wiener Medizinischen Schulen und was es mit der sprichwörtlich „schönen Leich" auf sich hat. Und immer wieder begegnen wir dem Haus Habsburg, nicht nur, aber vor allem, im Rundgang „Kokain und Inzucht".

Es sind Rundgänge, die den medizinhistorisch interessierten Wienerinnen und Wienern Unbekanntes ihrer Heimatstadt näherbringen sollen. Die Rundgänge werden aber auch jene Gäste unserer Stadt interessieren, die Neues entdecken möchten. Und wenn der eine oder andere Teilnehmer medizinischer Kongresse – und derer gibt es in Wien sehr viele – Zeit findet, den Vortragssaal kurz zu verlassen, um unter Mithilfe dieses Buchs den medizinhistorischen Pfaden der Stadt zu folgen, freut uns dies ganz besonders. Es gibt viel zu entdecken.

Bibiane Krapfenbauer-Horsky
Hans-Peter Petutschnig

Wien, März 2021

INHALT

TOUR 1
DIE HEILENDE KRAFT DER KIRCHE ... 11

Treff 1
Stephansdom ... 12
Ein Nebenweg: Der Zahnwehherrgott am Stephansdom ... 15

Treff 2
Churhaus ... 17
Ein Nebenweg: Das fahrende Volk am Hohen Markt und Mehlmarkt ... 20

Treff 3
Deutschordenshaus ... 22

Treff 4
Weihburggasse 10–12 ... 24

Treff 5
Pestsäule am Graben ... 27

TOUR 2
DRACHENBLUT UND DIE 14 NOTHELFER ... 30

Treff 1
Griechenviertel ... 33
Ein Nebenweg: Von Drachen und Teufeln ... 35
Ein Nebenweg: Die 14 Nothelfer ... 36

Treff 2
Lugeck 6 ... 38

Treff 3
Altes Universitätsviertel ... 40

Treff 4
Heiligenkreuzerhof ... 43

TOUR 3
WIEN ALS MEKKA DER MEDIZIN 47

Treff 1
Arkadenhof der Universität 48

Treff 2
Altes AKH 59
Hof 1 60
Hof 7 62
Hof 6 65

TOUR 4
KOKAIN UND INZUCHT 68

Treff 1
Maria-Theresien-Platz 70

Treff 2
Heldenplatz 74

Treff 3
Elisabeth-Denkmal im Volksgarten 78
Ein Nebenweg: Sisi und die Ernährung/Sport 80
Ein Nebenweg: Sisi und das Rauchen 81
Ein Nebenweg: Sisi und die Melancholie 82

Büste von Josef von Škoda im Arkadenhof der Universität

TOUR 5
GEGEN DIE SITTLICHKEIT: DAS SÜNDIGE WIEN 83

Treff 1
Michaelerplatz 85

Treff 2
Josefsplatz 88

Treff 3
Hotel Sacher 91
Ein Nebenweg: Die Syphilis 94

Treff 4
Franziskanerkirche 96

Nähe Blutgasse:
Pawlatschen und Winkelbordelle des 19. Jh.

TOUR 6
MOZART UND SEINE ZEITGENOSSEN 99

Treff 1
Palais Collalto, Am Hof 13 101

Treff 2
Judenplatz 3–4 103

Treff 3
Milchgasse 1/Petersplatz 8 105

Treff 4
Graben 107

Treff 5
Stephansplatz/Dom 108

Treff 6
Domgasse 5/Mozarthaus 110

Treff 7
Rauhensteingasse 8 112

TOUR 7
VOM JOSEPHINUM ZUR MARIANNENGASSE 115

Treff 1
Josephinum 117

Treff 2
Boltzmanngasse 120

Treff 3
Sensengasse/Spitalgasse 122

Treff 4
Lazarettgasse 125

Treff 5
St. Anna Kinderspital 127

Treff 6
Mariannengasse 129

TOUR 8
DIE WIENER UND IHRE NÄHE ZUM TOD 135

Treff 1
Zentralfriedhof, Eingangstor 135
Ein Nebenweg: Per Rohrpost zum Friedhof 136

Treff 2
Gruppe 30 A, Reihe 1: Die Opfer des Ringtheaterbrands 138
Ein Nebenweg: 150.000 Gulden für die Errichtung eines Spitals . . 139

Treff 3
Gruppe 14 A: Die Pioniere der Medizin 141
Ein Nebenweg: Der Platz auf den Friedhöfen wird knapp 145

Treff 4
Gruppe 32 C: Braune Schatten . . 147

Treff 5
Gruppe 33 E: Der Kaiser wird hinzugezogen 150

Im Text erwähnte Museen 154

Literaturnachweise,
Quellen & Publikationen 155

Die Autoren 158

Abbildungsnachweis 159

Die Routen 160

Statue von
Kaiser Franz I. (II.)
im Inneren Burghof

TOUR 1

DIE HEILENDE KRAFT DER KIRCHE

Krankheiten und Seuchen begleiteten die Menschen im Mittelalter tagtäglich. Von der daraus resultierenden Frömmigkeit zeugt ein Spaziergang rund um den Stephansdom.

Die Menschen im Mittelalter lebten stark jenseitsbezogen. Die schwere Arbeit, Kriege, schlechte hygienische Verhältnisse, Hunger oder auch Krankheiten machten den Tod quasi zu einem täglichen Begleiter, mit dem man sich letztlich auch theologisch auseinandersetzte.

Man „arrangierte" sich meist mit dem eigenen Schicksal auf Erden, bereitete sich auf den eigenen Tod vor, der dann ein schöneres, entbehrungsfreies Leben beziehungsweise Dasein für die Seele im Jenseits versprach. Somit spielte auch der religiöse Alltag eine wesentliche Rolle. Seelenheil und Trost erhielten die Menschen im Glauben und in der Kirche. An die Bedeutung von Eigenverantwortung, auch hinsichtlich der eigenen Gesundheit, dachte kaum jemand. Heilung versprach man sich vom Kirchgang und Gebeten, Ärzte im heutigen Sinn gab es kaum und waren nur für die Wohlhabenden leistbar – genauso wie die Arzneien aus den Apotheken.

Wie stark die Macht der Kirche in den Köpfen der Menschen im Mittelalter präsent gewesen sein musste, lässt sich auch an der Architektur festmachen: Oft waren die Kirchen die einzigen Gebäude aus Stein, die die Menschen während ihres ganzen Lebens betraten.

Auch die Fenster aus buntem Glas mussten entsprechenden Eindruck gemacht haben, denn die meisten Menschen der damaligen Zeit verfügten lediglich über kleine Öffnungen in ihren Hütten, die sie bei Kälte mit Stroh ausstopften. Selbst Burgen oder die Häuser der Patrizier wiesen zwar verzierte Fenster auf, aber nur in den wichtigsten Räumlichkeiten waren diese auch verglast.

Treff 1 Stephansdom

Die Anbetung der Heiligen schafft Linderung bei Leid und Krankheit.

„Ich bin die Tür der Schafe; wer durch mich hineingeht, wird ein- und ausgehen und Weide finden." – Es ist der *Locus classicus* aus dem Johannesevangelium, die Schriftätiologie für jede christologisch gedeutete Tür schlechthin.

„Jesus als die Tür – durch Jesus hineingehen: Damit erhält die Tür zur Kirche eine zentrale heilsvermittelnde Bedeutung." So beschrieb einmal der evangelische Kirchenhistoriker Martin Walraff die Bedeutung von Kirchenportalen. Was im Evangelium abstrakte Metapher war, wurde im Mittelalter konkret architektonisch umgesetzt. Aus christlicher Sicht wurde *damit „eine neue Stufe der theologischen Sinnverdichtung"* erreicht.

Der Stephansdom

Dieses Konzept lässt sich tatsächlich an den meisten Kirchen des Mittelalters erkennen – der Stephansdom macht da keine Ausnahme. Die Baumeister dieses wohl prominentesten Wahrzeichens von Wien wussten sehr genau, was auf die Menschen Eindruck machte. Keine Heiligenfigur, kein Fabelwesen, keine Ornamentik wurde zufällig platziert. Und vieles hatte mit dem Versprechen zu tun, durch den Übertritt ins Innere Erleichterung zu finden – bei körperlichen wie auch bei seelischen Qualen.

Im mittelalterlichen Verständnis war der Mensch nur ein kleines Sandkorn im Dasein. Man wollte und konnte Gott Vater nicht mit seinen Alltagssorgen, zum Beispiel Krankheit und Schmerzen, belästigen. Aber es gab Vermittler: die Heiligen. Allein im Stephansdom befinden sind insgesamt 107 Heiligenfiguren – genügend Möglichkeiten also für die Gläubigen, um für ihr Seelenheil zu beten (siehe auch Seite 36).

Heute betreten Gläubige und Besucher den Dom meist durch das zentra-

Bischofstor

Kolomani-Stein

le Riesentor – der Name hat übrigens nichts mit dessen imposanter Größe zu tun, sondern bezieht sich auf die Trichterform des nach innen tief und schräg abfallenden Portals (mittelhochdeutsch *„risen"*, was so viel bedeutet wie „sinken", „fallen"). Die Gläubigen des Mittelalters jedoch betraten den Dom meist von der Seite aus, zum Beispiel durch das Bischofstor. Die prunkvolle Pforte in der nördlichen Langhauswand wurde erst zwischen 1365 und 1373 fertiggestellt. Dort, direkt über der Schwelle des Tors, befindet sich noch immer der sogenannte „Kolomani-Stein".

Viel ist über den irischen Heiligen, der um die vorvorige Jahrtausendwende lebte und während einer Pilgerfahrt ins Heilige Land als vermeintlicher Spion bei Stockerau gefangen und hingerichtet wurde, nicht bekannt. Als sein Leichnam nicht verweste und sich an seiner Grabstätte Wundertaten ereigneten, sah man darin göttliche Fügung und verbrachte den Leichnam nach Melk in die damalige Residenz der Babenberger. Obwohl die angestrebte Heiligsprechung nie erfolgte, hatte Koloman für die Menschen des Mittelalters und der beginnenden Neuzeit hierzulande große Bedeutung, schützte er doch vor Krankheiten jeglicher Art.

Den Stein ließ Herzog Rudolf IV. im Zuge der Erweiterung der Kirche am 3. Mai 1361 einmauern. Der Überlieferung nach soll über dem Stein das Blut des Heiligen geflossen sein, was den Herzog dazu bewog, dort eine Reihe von Heiligenreliquien zu platzieren.

Die Verbundenheit des Herzogs mit dem Heiligen belegt auch der Umstand, dass sich Rudolf IV. im Gewände unmittelbar oberhalb des Kolomani-Steins in Stein abbilden ließ. Koloman war der erste Landespatron Österreichs und spielte damit auch politisch eine wichtige Rolle, indem er die noch junge Landesherrschaft festigen und wohl auch die Loslösung vom Bistum Passau zugunsten eines eigenen neuen Bistums forcieren sollte. In der Hand hält

Rudolf IV. ein Modell seiner Kirche auf einem Tuch – was ihn als Kirchenstifter ausweist. Belege seiner weltlichen Macht sind Zepter und Bindenschild auf der Gürtelschnalle.

Rudolf IV. war der einflussreichste Habsburger des 14. Jahrhunderts. Trotz seiner kurzen Lebenszeit von knapp 26 Jahren prägte er in politischer und kultureller Hinsicht sein Herrschaftsgebiet nachhaltig, nicht nur mit dem Ausbau des Stephansdoms, sondern auch mit der Gründung der Wiener Universität, der „Alma Mater Rudolphina", im Jahr 1365. Seit damals gibt es auch die Wiener Medizinische Fakultät (siehe auch Seite 18).

Es lohnt, im Inneren des Doms zur Kanzel zu gehen, deren Aufgang mit Kröten, Salamandern und Schlangen versehen ist. Sie sind ein Sinnbild für den täglichen Kampf im Menschen zwischen Gut und Böse.

Aufgang zur Kanzel

Im Mittelalter waren Kröten eine wichtige Medizin: Hildegard von Bingen berichtete 1150 in ihrem *„Tier- und Atznayenbuch"* von der *„credda"* (= Kröte), die durch das Bebrüten eines Schlangen- oder Hühnereies einen jungen Basilisken zeugt, der dann in der Erde heranwächst. Sie beschreibt daher die Kröte als Teufelskreatur, die dem Schlechten gleichzusetzen sei. Andererseits empfiehlt sie das Tier aber auch als Arznei gegen Geschwülste, da es mit großer Bitterkeit ausgestattet ist.

Basilisk

Ein sehr populäres Mittel gegen Krankheiten war auch das Aufbinden lebender Kröten auf schwer heilbare Geschwüre. War die Kröte dann verendet, hatte sie die Krankheit aufgesogen und man konnte den toten Körper entsorgen. Bereits der gallische Arzt Marcellus Empiricus beschreibt im 5. Jahrhundert die Kröte als Arznei. Die Kröte sei ein giftig anziehendes Tier, das ein wirksames Fiebermittel binden kann. Im Mittelalter betrachtete die Klostermedizin die Kröte als Arzneilieferant und empfahl deren Leber gegen „Skrofeln" (Gelbsucht, Drüsenentzündung).

Erd- und Wechselkröten galten lange Zeit auch als Heilmittel gegen die Pest, weiters gegen Gicht und Rheuma. Die Volksmedizin empfahl bis ins 19. Jahrhundert Kröten und Froschpräparate bei Karzinomen, Warzen, Milzbrand und Hämorrhoiden. Frösche setzte man vor allem bei Hals-, Haut- und Augenkrankheiten ein. Die heute noch gebräuchliche Redensart „einen Frosch im Hals haben" dürfte auf diese Praktik zurückzuführen sein.

EIN NEBENWEG:

Der Zahnwehherrgott am Stephansdom

Im Mittelalter ging man bei Zahnschmerzen zum „Zahnbrecher", der mit verschiedenen Haken und Zangen die Zähne im Mund des Patienten bearbeitete. Damit dieser vor Angst und Schmerzen bei der Zahnbehandlung nicht davonlief, band der Bader den Kopf des Patienten mit Lederriemen fest. Der Zahn wurde mit Gewalt und ohne Betäubung herausgerissen. Reiche Wiener konnten sich zwar Zahnprothesen leisten, doch die hielten nicht lange und waren beim Essen zudem keine wirkliche Hilfe.

Es verwundert nicht sehr, dass viele Menschen der Tortur durch den Bader aus dem Weg gingen und lieber auf Hilfe „von oben" hofften. Die Darstellung von Christus als Schmerzensmann mit Wundmalen und Dornenkrone zierte viele Kirchen des ausgehenden Mittelalters. Auch am Stephansdom befindet sich eine solche Schmerzensmanndarstellung, und zwar an der östlichen Außenseite hinter dem Chor.

Zahnbrecher (um 1568)

Seinen Namen als „Zahnwehherrgott" verdankt er einer Sage. Als Studenten in der Nacht den Stephansfriedhof überquerten, verspotteten sie den Schmerzensmann. Früher war es üblich, Christusdarstellungen mit Blumen zu schmücken. Bei besagtem Halbrelief waren die Blumen mit einem Tuch über dem Kopf befestigt – was die jungen Zecher flugs als Zahnschmerzen beim Herrgott deuteten. Noch in derselben Nacht bekamen die drei aber selbst fürchterliche Zahnschmerzen, die erst wieder nachließen, als sie am darauffolgenden Tag zum Dom zurückkehrten und sich entschuldigten. Seither besuchten zahlreiche Wienerinnen und Wiener den „Zahnwehherrgott", um so von ihren Leiden geheilt zu werden.

Der Zahnwehherrgott

Wie oft dies von Erfolg gekrönt war, ist leider nicht überliefert. Aber es gab Alternativen, so zum Beispiel die Anbetung der heiligen Apollonia. Sie wird meist als Jungfrau mit den Attributen ihres Martyriums dargestellt – Märtyrerpalme, Krone beziehungsweise Lorbeerkranz sowie Zange oder Zähne. Wegen der Art ihres Martyriums wurde sie von den Menschen vor allem bei Zahnschmerzen oder -leiden angebetet. Heute ist sie die Schutzpatronin der Zahnärzte.

Ebenfalls „Hilfe von oben" versprach die Auseinandersetzung mit dem Mond. Sobald bei Neumond zum ersten Mal die Mondsichel – *„dat nüe Licht*" (das neue Licht) – am Himmel sichtbar wurde, musste der von Zahnschmerzen Geplagte sich mit einem der nachfolgenden Reime an den Mond wenden: *„Ach du liebes neues Licht! / Behüte mich, mein Gott, vor meiner Zähne Gicht! / Dass sie mich nicht möchten reizen – spreizen – schwären – quälen.*" Oder: *„Alle Psalmen sind gesungen / Alle Glocken sind verklungen / Alle Evangelien sind gelesen / Alle Heiligen sind gewesen / Das Feuer in meinen Zähnen soll verwesen.*"

Noch obskurer war da nur mehr das Übertragen von Zahnschmerzen auf

Bäume – eine häufig praktizierte Methode, wenn sonst nichts mehr half. Ein gewisser Michael Babst von Rochlitz etwa empfahl 1592 allen Schmerzgeplagten, in einen Holunder ein Loch zu bohren, darin die abgeschnittenen Hand- und Fußnägel sowie Haare zu stecken und es anschließend dicht zu verschließen: *„Für die Wehtagung der Zeene. Wenn man etwas von den Nägeln an henden vnd füssen / deßgleichen auch etwas von Haaren abschneidet / vnd dasselbige zusammen in ein Holunderbaum vermachet / vnd das Loch fein sauber wider zumachet / so solle die wehtagung nachlassen.*"

Auch hier fehlen Angaben über den Erfolg dieser Methode. Aber zumindest hat sie keinen weiteren Schaden bei den bedauernswerten Schmerzpatienten verursacht.

Dass Zähne gepflegt werden müssen, war übrigens auch früher schon bekannt. Um die Zähne weiß zu halten, wurden sie mit Korallen- oder Bimssteinpulver poliert – um den damit auch zerstörten Zahnschmelz kümmerte man sich weniger.

Zum Gurgeln verwendete man Salpetersäure.

Schätzungen sprechen davon, dass in etwa 80 Prozent der Bevölkerung im Mittelalter unter Zahnfäule litten. Oft war dann das Zahnziehen durch den Bader die letzte Rettung – wer sich denn weder auf den „Zahnwehherrgott", die heilige Apollonia, den Mond oder den Holunder verlassen wollte.

Treff 2 Churhaus

Bei Streitigkeiten zwischen Badern und Hebammen wurde die Fakultät angerufen.

Im Stiftungsbrief der „Alma Mater Rudolphina" vom 12. März 1365 sah Rudolf IV. die Reservierung des Stadtteils zwischen Schotten-, Herren- und Schauflergasse als sogenannte „Pfaffenstadt" vor.

Es sollte ein eigenes Universitätsviertel werden. Allerdings regte sich massiver Widerstand seitens der Bürger, der dazu führte, dass Rudolf IV. seine Pläne wieder zurückziehen musste – die Universität kam provisorisch in den Räumen der Bürgerschule zu St. Stephan (Teil des heutigen Churhauses, Stephansplatz 3) unter.

Für die Zeit ab 1399 sind Fakultätsakten erhalten, die belegen, dass die Wiener Medizinische Fakultät bei Streitigkeiten zwischen Badern, Hebammen und regionalen Grundherren als Schlichtungsstelle angerufen wurde. Und der damalige Dekan der Medizinischen Fakultät, Johannes Silber, vermerkte, dass ab sofort alle abgehaltenen Prüfungen sowie Vorkommnisse an der Universität in ein Buch eingetragen werden müssen: die *„Acta Facultatis Medicae"*.

Auch wenn die Gründung in das Jahr 1365 fällt, kann von einer wissenschaftlich-medizinischen Lehre in Wien erst 30 Jahre später gesprochen werden, etwa zu dem Zeitpunkt, als Galeazzo di Santa Sofia nach Wien berufen wurde. Er studierte an der 1222 gegründeten Universität in Padua, die als *das* führende Zentrum der Medizin in Europa galt.

Galeazzo verfasste mehrere wissenschaftliche Abhandlungen. Die *„Simplicia"*, eine Arbeit über Arzneimittel, erlangte an der Hochschule große Bedeutung. Weiters schrieb er Theorien über die Ursachen der Pest, an der er übrigens 1427 verstarb. Er war es, der erstmals auf die Einschleppungsgefahr durch den Handel hingewiesen hatte.

Die ehemalige Bürgerschule zu St. Stephan

Damit stellte er sich gegen die damals vorherrschende Meinung, wonach die Pest an Ort und Stelle *„durch verderbte Luft"* entstehen würde.

Galeazzo wurde zum Dekan der Wiener Medizinischen Fakultät ernannt. Eine seiner Neuerungen war die Einführung der Anatomie als Lehrgegenstand. 1404 hielt er die erste Anatomievorlesung. Möglicherweise unter seiner Leitung wurde im selben Jahr, am 12. Februar, die erste Leichensektion im deutschsprachigen Raum zur anatomischen Demonstration durchgeführt. Diese Obduktion war auch gleichzeitig die erste nördlich der Alpen. Seziert wurde im „Hospital Wiennensi", wahrscheinlich im Heiligengeistspital, oder möglicherweise auch im Bibliotheksraum des Fakultätshauses in der Weihburggasse, dem heutigen Sitz der Ärztekammer für Wien auf Nummer 10–12 (siehe auch Seiten 24 und 46). Die Apotheke in der Operngasse 16 trägt noch den Namen des oben erwähnten Spitals – „Zum Heiligen Geist".

In Wien wurden insgesamt aber nur sehr wenige Sektionen vorgenommen. Dies hatte mehrere Gründe: Seziert wurden nur Leichname der zum Tode verurteilten Menschen, die von der Fakultät angekauft werden mussten. Die Fakultät musste zudem den Henker und dessen Gehilfen sowie auch Messe- und Begräbniskosten übernehmen. Mitfinanziert wurden die Obduktionen von Studenten und anderen Zuschauern. Alles in allem also eine recht kostspielige Geschichte.

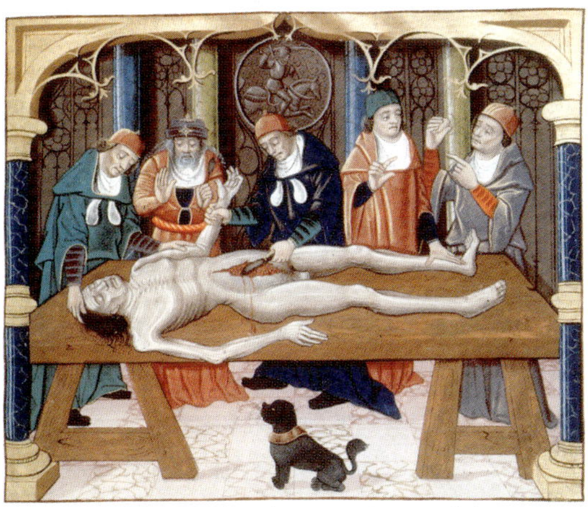
Sektion (Buchmalerei aus dem 15. Jh.)

Daher sind für die Zeit zwischen 1404 und 1498 in Wien lediglich 14 Sektionen dokumentiert. 1455 forderten die Studenten, *„es möge jedes Jahr eine Leiche, abwechselnd eine männliche und eine weibliche, zergliedert werden"*. Viele akademisch ausgebildete Buchärzte in Wien übten also ihren Beruf aus, ohne jemals die inneren Organe eines Menschen gesehen zu haben.

Nicht immer lief bei den Sektionen alles glatt, und es konnte auch passieren, noch lebend auf dem Seziertisch zu landen. Passiert ist dies zum Beispiel 1492 einem gewissen Konrad Praitenauer. Als man begann, die angebliche Leiche zu öffnen, bemerkte man noch schwache Lebenszeichen an ihm. Man ließ ihn zur Ader, worauf Schaum aus seinem Mund hervortrat. Der bei der Sektion anwesende Arzt meinte, das sei ein sicheres Zeichen des Todes, aber zur Vorsicht bemühte man sich dennoch weiter um den „Toten" und konnte ihn schließlich wieder „erwecken". Auf Fakultätskosten wurde er sogar gesundgepflegt – er stand ja im Eigentum der Fakultät, die ihn vom Henker gekauft hatte. Praitenauer waren dann noch einige hoffentlich glückliche Jahre in seiner Heimatgemeinde Alt-Ötting beschieden, eher er, dann allerdings mit Erfolg, ein zweites Mal aufgrund wiederholten Diebstahls gehenkt wurde.

An die erste Universität in Wien erinnert aus baulicher Sicht nichts mehr. Der heutige Bau des Churhauses stammt aus den Jahren 1738 bis 1740.

EIN NEBENWEG:

Das fahrende Volk am Hohen Markt und Mehlmarkt

Ein Großteil des „gemeinen" Volkes konnte sich keinen akademisch gebildeten Arzt leisten. Es wurde von fahrenden Wundärzten, Badern, Starstechern und Steinschneidern – meist sehr brachial – behandelt.

Historische Darstellungen von Hämorrhoiden-, Nasen- und Kataraktoperationen

Im Allgemeinen zählten die damaligen „Ärzte" in Wien zum „fahrenden Volk" und brachten neben Hexensalben und Pillen ein Versprechen auf Heilung mit in die Stadt. Die Behandlungen erfolgten auf dem Hohen Markt und dem Mehlmarkt sowie an weiteren Orten im Rahmen von Jahrmärkten und Messen.

Ein wenig seriöser wurde es erst mit dem Ende des Mittelalters. So hatten sich Wiener Bader und Wundärzte nach ihrer Meisterprüfung ab 1517 auch einer Prüfung der Medizinischen Fakultät zu unterziehen, um ihre Tätigkeit ausüben zu dürfen. Ab 1539 unterzogen sich dann auch die Starstecher einer Prüfung. Und 1591 erteilte die Fakultät einem gewissen Leonhart Eberhart per Brief mit Siegel die Erlaubnis, die Kunst des Okulisten sowie des Stein- und Bruchschneiders in ganz Österreich frei auszuüben – für diese Berufe brauchte man eine ganz besondere Geschicklichkeit.

Der Starstich war über Jahrtausende eine einfache Operationsmethode zur Behandlung des Grauen Stars, die seit dem Altertum bis in die Frühe

Neuzeit angewandt wurde. Dabei wird mit einer sogenannten „Starstichnadel" in das Auge gestochen und die getrübte Augenlinse auf den Boden des Augapfels gedrückt. Dadurch kann das Licht ohne Hindernis auf die Netzhaut fallen, der Patient kann besser sehen, wenngleich durch die fehlende Brechkraft der Linse in der Regel eine starke Übersichtigkeit die Folge ist.

Starstiche wurden von reisenden Wundärzten vorgenommen – ein Grund dafür mag wohl auch gewesen sein, dass der Operateur bei Misslingen der Operation vor Verfolgung sicher war. Möglicherweise waren auch Johann Sebastian Bach und Georg Friedrich Händel Opfer solcher Komplikationen. Beide wurden von demselben Okulisten John Taylor behandelt. Bach wurde 1750 am Grauen Star operiert und starb an der daraus entstandenen Infektion einige Monate später. Auch Händel unterzog sich neun Jahre später der Heilkunst Taylors und starb ebenso an den Folgen.

Das Steinschneiden wiederum war ein bis ins 19. Jahrhundert ausgeübter medizinischer Beruf, der vielfach gleichzeitig mit der Tätigkeit als Okulist und Chirurg – siehe Leonhart Eberhart – praktiziert wurde. Der Steinschneider kümmerte sich unter anderem um die Entfernung von Blasensteinen.

Die Chirurgie galt früher nur als „niedere Arbeit" – das Wort kommt aus dem lateinisch-griechischen *„chirurgia"* und bedeutet so viel wie „Handwirkung, Handwerk". Die Habsburger hatten ihre Leibchirurgen, die unter der Anleitung eines akademisch gebildeten Arztes operierten. Es wäre undenkbar gewesen, dass ein studierter Bucharzt mit Knochensäge und Skalpell gearbeitet hätte.

Ihre Kenntnisse in der Gesundheits- und Krankenpflege sowie der Zahnpflege erlangten Wundärzte über die Ausbildung bei halbprofessionellen Laien, nicht selten beim sozial geächteten Henker, der seine anatomischen Kenntnisse wiederum von der Folterbank hatte. Weiteres Wissen konnte man sich beim Bader aneignen, der auch für den Aderlass und das Schröpfen zuständig war. Wundärzte waren die Ausführenden, gewissermaßen der verlängerte Arm des akademisch gebildeten Arztes.

Erst im 18. Jahrhundert unter Kaiser Joseph II. wurde diese Zweiteilung in Innere Medizin und Chirurgie schön langsam überwunden (siehe auch Seite 117 ff.).

Treff

3 Deutschordenshaus

Über Salerno verbreitete sich die orientalische Heilkunde auch im christlichen Abendland.

Dem in der Nähe des Stephansplatzes in der Singerstraße 7 gelegenen Deutschordenshaus werden wir später noch im Kapitel „Auf Spurensuche Mozarts und seiner Zeitgenossen" auf Seite 99 ff. begegnen. Hier wollen wir uns zunächst mit der Rolle des Ordens bei der Krankenpflege beschäftigen.

Ritterorden wurden ursprünglich (auch) zum Zweck der Krankenpflege gegründet – was sie im Übrigen nicht von Klöstern unterschied, die im Mittelalter ebenfalls diese Aufgabe hatten und noch heute in Form der Ordensspitäler fortführen (siehe auch Seite 43 ff.).

Deutschordenshaus: Sitz des Hochmeisters des Deutschen Ordens

Der Orden der Brüder vom Deutschen Hospital Sankt Mariens in Jerusalem wurde – zunächst als Spitalsbruderschaft – 1190 in Akkon gegründet. 1198 kam es durch Papst Innozenz III. zur Erhebung zu einem Ritterorden. Er folgte damit den schon 100 Jahre zuvor gegründeten Johannitern und Templern als dritter großer geistlicher Ritterorden der Kreuzzugszeit nach. Die Regeln und Organisationsmuster waren bei allen drei Orden ähnlich, auch im äußeren Erscheinungsbild gab es Gemeinsamkeiten. So trugen die Templer beispielsweise ein rotes Kreuz auf einer weißen Pluviale – einem mantelförmigen Umhang –, bei den Rittern des Deutschen Ordens war es ein schwarzes Kreuz.

Ritterorden beeinflussten maßgeblich die Verbreitung der orientalischen Heilkunde im christlichen Abendland. Im islamischen Kulturkreis galt die Madrasa, ein Zentrum für Wissenschaft und Lehre, als Ort höchster Bildung, vergleichbar etwa mit den damaligen christlich-lateinischen Dom- und Klosterschulen. Die wichtigsten Disziplinen einer Madrasa waren die Theologie und die Rechtskunde, aber auch Naturphilosophie und Medizin wurden gelehrt. Das im Hochmittelalter langsam in den Westen gelangende Heilwissen kann man daher nur indirekt als „arabische Medizin" bezeichnen, besser und treffender eignet sich wohl die Bezeichnung „orientalische Medizin".

Dass die orientalische Medizin ihren Weg ins Abendland fand, war schlussendlich der Schule von Salerno im Süden Italiens zu verdanken, die im 11. Jahrhundert langsam zum europäischen Mittelpunkt medizinischer Wissensvermittlung wurde. Dort entwickelten sich medizinische Disziplinen wie die Chirurgie, die Anatomie, die Hygiene und die Pharmazie.

Vor allem die vornehmlich in Klöstern untergebrachten Spitäler wurden zu einer festen Institution. Schon frühzeitig wurden dort Apotheken und Kräutergärten angegliedert. Es gab eine organisierte Struktur, wie beispielsweise „Chefärzte", reichhaltige Bibliotheken sowie das Erlernen der Praxis am Krankenbett – Bedside Teaching ist also keineswegs eine Erfindung des ausgehenden 20. Jahrhunderts.

Das Deutschordenshaus, links neben der zwischen 1326 und 1375 im gotischen Stil errichteten Deutschordenskirche, ist heute der Sitz des Hochmeisters des Deutschen Ordens. Es lohnt, deren Schatzkammer zu besichtigen. Dort befindet sich unter anderem eine Natternzungenkredenz: Im 15. Jahrhundert standen Gefäße aus Gold, Silber und Bergkristall oft auf sogenannten „Schaubuffets". Damit sollte bei höfischen Festen der Reichtum des Gastgebers demonstriert werden. Beliebt waren prunkvoll verzierte Gefäße, aus deren Spitze Büschel von Natternzungen, fossilierte Halfischzähne, hervorwuchsen. Natternzungenkredenzen wurden magische Kräfte in der Abwehr von Gift zugesprochen.

Auch in der Kunstkammer des Kunsthistorischen Museums ist eine solche Natternzungenkredenz ausgestellt.

Magische Kräfte zur Abwehr von Gift: Natternzungenkredenzen

Treff 4 Weihburggasse 10–12

Die erste urkundliche Erwähnung des Hauses stammt aus dem Jahr 1385.

Das Haus in seiner jetzigen Form wurde 1911 nach Plänen des Architekten Guido Gröger anstelle von drei älteren Gebäuden errichtet. Hier befindet sich heute der Sitz der Ärztekammer für Wien bzw. der Österreichischen Ärztekammer.

Heute Sitz der Wiener und der Österreichischen Ärztekammer: Weihburggasse 10–12

1385 wurde ein Vorgängerbau erstmals urkundlich erwähnt. Wahrscheinlich um 1411 wird er von Dr. Hebreinstorf, genannt „Niclas, der Bucharzt", erworben (siehe auch Seite 46). Er vererbte das Haus mitsamt seiner umfangreichen Bibliothek nach seinem Tod 1419 der Wiener Medizinischen Fakultät. Die Bücher bildeten den Grundstock der Fakultätsbibliothek.

Aufgrund der Distanz zum damaligen Universitätsgebäude an der Stelle des heutigen Churhauses (siehe auch Seite 17 ff.) wollte die Fakultät das Haus aber verkaufen, was zu mehreren Besitzerwechseln führte – worunter sich auch berühmte Ärzte befanden, wie etwa Johannes Tichtel, der zwischen 1482 und 1498 zehnmal Dekan der Medizinischen Fakultät gewesen war, oder Mathias Cornax, der mit einer von ihm angeleiteten Laparotomie in die Medizingeschichte eingegangen ist: *„Ein seltzam warhaftig geschicht, von einer Mitbürgerin zu wienn, welche bey vier jaren ein todt Kind im leib tragen, das nachmals 1549. jar den 10. Novembris von ir durch den leib geschnitten worden."* Es ist dies der erste schriftlich belegte Kaiserschnitt an einer lebenden Frau.

Durchgeführt wurde die Operation laut Quellen von mehreren Personen. Genannt wird insbesondere der Stadtchirurg Paul Dirlewang, weiters anwesend waren der Kaiserliche Rat und Leibarzt Johann Entzianer, der Stadtchirurg Peter Winckler sowie der Hofchirurg Sixtus Wirt. Bei der Patientin, Margarete Wolczer, kam es, vermutlich

Erster dokumentierter Kaiserschnitt (um 1550)

durch ein Geburtshindernis, zum intrauterinen Fruchttod. Wolczer überlebte den Eingriff und wurde danach ein weiteres Mal schwanger.

Zurück zum Gebäude: Nach wechselnden Besitzverhältnissen ist das Haus, das sich heute auf dieser Parzelle in der Weihburggasse befindet, seit 1932 wieder ein wichtiger Treffpunkt für die Ärzteschaft: Zunächst erwarb es die „Wirtschaftliche Organisation der Ärzte Wiens", die es aufgrund einer Widmung aber bereits 1934 der „Alterswohlfahrtsstiftung der Wiener Ärzte" überlassen musste. 1939 übernahm die Reichsärztekammer München das Gebäude. Nach einem Rückstellungsverfahren befindet es sich seit 1956 wieder im Besitz der Ärztekammer für Wien. Das 1979 bis ins kleinste Detail stilgerecht renovierte Haus zählt zu den schönsten Jugendstilgebäuden der Innenstadt.

Versäumen Sie nicht, auch einen Blick auf das vis-á-vis liegende Haus Franziskanerplatz 1/Weihburggasse 17 zu werfen. An dieser Stelle stand früher das Wohnhaus des bekannten Pestarztes Paul de Sorbait.

Das Haus wurde 1383 erstmals urkundlich erwähnt, als es von einer Messstiftung angekauft wurde. Da es ein halbes Jahrhundert später abbrannte, fehlten der Stiftung die finanziellen Mittel für den Wiederaufbau, sodass *„solches verdorbene Haus"* verkauft werden musste. 1658 erwarb Paul de Sorbait das wiedererrichtete Gebäude, in dem er dann auch am 29. April 1691 starb.

Der Pestarzt, vormals Wandermusikant, studierte in Köln, Paderborn, Wien und Padua, wo er 1652 zum Doktor der Medizin promovierte. Anschließend kehrte er nach Wien zurück und wurde zunächst ordinierender Arzt am Bürgerspital und Mitglied der Wiener Medizinischen Fakultät. Außerdem war er Leibarzt von Eleonore Gonzaga, der Witwe Kaiser Ferdinands III. Er unterrichtete Anatomie und Botanik.

Sorbait erkannte erstmals die Vorboten einer epidemischen Ausbreitung der Pest. Er revidierte daher auch die Wiener „Pest-Ordnung". 1679 las sich das so: *„Nachdem die Erfahrung mit sich bringt, dass Sauberkeit ein sonderbar nützlich und notwendiges Mittel ist, sowohl die Einreissung der Infektion zu verhüten, als auch dieselbe abzuwenden: Herentwegen* (= Deshalb) *die Unsauberkeit solches Übel verursacht und erhaltet. So ist Unserer ernstlicher Befehl, dass Erstens kein Blut, Eingeweide, Köpfe und Beiner von dem abgetöteten Vieh, noch auch Kraut-Blätter, Krebs, Schnecken, Eyerschallen oder anderen Unflat auf denen Gassen und Plätzen ausgegossen: Ingleichen keine todte Hund, Katzen oder Geflügel auf die Gassen geworfen, sondern ein und anders vor die Stadt hinausgetragen werden."*

Sorbait verfasste auch Werke zur Geschichte und Organisation der Universität Wien. Hervorzuheben sind dabei sein *„Modus Promovendi Doctores in Archilycaeo Viennensi"* (1667) sowie seine Universitätschronik *„Catalogus Rectorum et Illustrium Virorum Archigymnasii Viennensis"* (1670). Aufgrund seines unermüdlichen Wirkens und seiner Verdienste um das Wohl der Bevölkerung wurde er zum Generalinquisitor in Pestangelegenheiten ernannt.

Epitaph für Paul von Sorbait im rechten Seitenschiff des Stephansdoms

Ein Epitaph im rechten Seitenschiff des Stephansdoms erinnert an ihn mit den Worten: *„Paulus von Sorbeid in Belgien geboren, hier verstorben, Musiker, Rhetoriker, Philosoph, Soldat, Arzt, Professor, Stadtarzt, Universitätsrektor, – ein Bettler, ein Nichts. Musiker war ich, um den richtigen Takt zu wahren, Redner, um mich zu einem guten Redeschluß zu lenken, Soldat, um durch Förderung* *anderer mich herabzusetzen, Universitätsrektor, um die Privilegien zu verteidigen, Höfling, um zu lernen, anderen und nicht mir selbst zu helfen. Jedoch der bittere Tod, taub gegenüber den Weisen des Musikers und den Überredungskünsten des Rhetorikers und den Drohungen des Soldaten und den Vorlesungen des Professors und den Verschreibungen des Arztes und den Verteidigungsreden des Rektors und den Erniedrigungen des Höflings, raffte mich hinweg. Nun bin ich ein Bettler und ein Nichts. Ich bitte dich, bete für mich.*

Er starb im Jahre 1691 am 29. des Monats April im Alter von 67 Jahren."

Treff 5 Pestsäule am Graben

Leopold I. lässt sich sein eigenes (Sieges-)Denkmal gegen die Pest und die Osmanen erbauen.

Heute versetzt COVID-19 viele Menschen berechtigterweise in Angst und Schrecken. Mit den Infektions- und Todeszahlen früherer Epidemien sind die aktuellen Zahlen jedoch keinesfalls vergleichbar. Besonderen Schrecken verbreitete dabei die Pest, die vom 14. Jahrhundert an bis ins 19. Jahrhundert in Europa in wechselnden Regionen und Zeitabläufen wütete.

1349 erreichte die Pest, auch bekannt als „schwarzer" Tod aufgrund der durch die Krankheit verursachten schwarzen Beulen, Wien und dürfte in kurzer Zeit in etwa die Hälfte der Einwohner dahingerafft haben. Die Toten wurden in Pestgruben vor den Stadtmauern begraben, da innerhalb der Stadt keine Friedhofskapazitäten mehr vorhanden waren. Wer an der Pest erkrankte, starb meist innerhalb der folgenden drei Tage. Personen, die am vierten Tag noch immer lebten, durften auf Genesung hoffen.

Die wirtschaftlichen Folgen der Pest in Wien waren enorm. Es fehlte überall an Arbeitskräften, was dazu führte, dass die Überlebenden höhere Löhne einfordern konnten. Sogar Erntehelfer in den Weingärten wurden besser entlohnt. Im ganzen Land fehlte es an Fachkräften in den Handwerksbetrieben.

Weitere schwere Pestepidemien sind in mittelalterlichen Quellen für die Jahre 1381, 1410/11 und 1436 dokumentiert. 1436 musste aufgrund der

Erkrankungen die Universität temporär geschlossen werden.

Im 16. und 17. Jahrhundert folgten weitere Pestepidemien. Eine Nachepidemie raffte im Jahr 1588 unter anderem alle Nonnen im Himmelpfortkloster dahin. An das Kloster erinnert heute noch die Himmelpfortgasse, nur wenige Meter von der Weihburggasse entfernt. Die schwerste Pestepidemie der frühen Neuzeit erlebte Wien im Jahr 1679 und sie ist untrennbar mit der Figur des „lieben Augustin" verbunden, ein die Seuche überlebender populärer Sackpfeifer.

Maßnahmen gegen neue Pestausbrüche bestanden in der Kontrolle von Reisenden, der Sperrung von Wirtshäusern und anderen Vergnügungsstätten, im Verbot von Prozessionen und letztendlich auch in der Sperrung privater Häuser (Quarantäne) – hier hat sich bis in Zeiten von COVID-19 also wenig geändert.

Die gegen den Ausbruch von Pestepidemien ergriffenen Maßnahmen wurden seit 1541 in landesfürstlichen „Infektionsordnungen" festgeschrieben. Vor allem aber riefen die jeweils regierenden Kaiser die Untertanen auf, ein gottgefälliges Leben zu führen, um nicht Gottes Zorn zu erregen.

Die Seuchenabwehr scheiterte aber in der Regel an den hygienischen Defiziten, da die Pest zumeist über Ratten und Rattenflöhe übertragen wurde; die Übertragung von Mensch zu Mensch durch die Lungenpest war wesentlich seltener.

Trotz aller Warnungen von Paul de Sorbait wurde der Ausbruch der Seuche im Jahr 1679 bis Juli des Jahres von den

Pestsäule am Graben

städtischen Behörden völlig ignoriert, obwohl sie schon im Frühjahr in der Leopoldstadt grasierte (auch das kommt, zieht man einige europäische Länder sowie einzelne Staaten des amerikanischen Kontinents zum Vergleich heran, bekannt vor). Dann aber brach das Chaos aus. Die kaiserliche Familie und ein Großteil des Hofes verließen die Stadt. Leopold I. floh über Umwege nach Prag. Tote lagen tagelang auf den Straßen herum. Nur wenige Menschen waren bereit, als Totengräber zu arbeiten. Kranke lagen auf Sammelwägen, vor dem Stubentor häuften sich infizierte Betten, Stroh und Leichen. Sorbait ordnete daraufhin an, dass die Toten in Pestgruben bestattet und mit ungelöschtem Kalk überschüttet werden sollten. Mehrere dieser Gruben wurden über die Vorstadtzonen verstreut angelegt.

Aus Dank für das Abklingen der Pest wurde letztlich am Graben eine hölzerne, später steinerne Dreifaltigkeitssäule errichtet – Kaiser Leopold I. hatte dazu ein entsprechendes Gelübde abgelegt.

Die Pestsäule erzählt im Grunde die Geschichte, dass der Kaiser durch seine persönliche Frömmigkeit und Fürbitten die Pest sowie die Osmanen, die beide als Strafe Gottes für ein sündhaftes Leben bewertet wurden, abwenden beziehungsweise besiegen konnte. Die Säule stellt somit auch ein (Sieges-) Denkmal für Leopold I. dar.

Die Pestsäule bezieht sich mehrfach auf die Zahl Drei, unter anderem in den drei vertikalen Stufen. Die oberste Stufe ist der Heiligen Dreifaltigkeit vorbehalten. Der mittlere Bereich gehört den Engeln als Vermittler zwischen Gott und den Menschen. Der den Menschen vorbehaltene Sockel zeigt im obersten Drittel an der der Bräunergasse zugewandten Seite Leopold I. als Fürbitter für das Volk. Nur er darf zur Heiligen Dreifaltigkeit beten. Somit schließt sich der Kreis: die Heiligen als Mittler für das Volk.

Leopold I. als Fürbitter für das Volk, darunter der Glaube mit dem Kreuz und die besiegte Pest (Detail der Pestsäule)

TOUR 2

DRACHENBLUT UND DIE 14 NOTHELFER

Auf Besuch bei den Griechen, Jesuiten und im Heiligenkreuzerhof: Rezepte gegen Epidemien vom Mittelalter bis in die Neuzeit.

Ab dem 11. Jahrhundert kam es in Europa zu einem starken Bevölkerungswachstum. Die Städte wuchsen rasant, und mit ihnen die hygienischen Probleme. Die Folgen: Krankheiten breiteten sich in einem noch nie dagewesenen Umfang aus.

Dabei war Wien hinsichtlich der klimatischen Gegebenheiten sogar noch bevorzugt: Die bis auf die heutigen Tage vorherrschende Westwindlage trug nämlich dazu bei, dass die Luft in der Stadt grundsätzlich gut war. Dennoch war die Bevölkerung praktisch permanent von zahlreichen üblen Gerüchen umgeben. Die Tierhaltung innerhalb der Stadt, die unzulängliche Beseitigung von Abwässern, die Art der damals gängigen „Toilettenanlagen" in Form der im Hinterhof der Häuser gelegenen „Privets", die verwesenden Leichen in den Kirchengrüften, aber auch so manche der in der Innenstadt angesiedelten Handwerkbetriebe, unter anderem die Lederer und Färber, oder der offene Mischmarkt am Hohen Markt – all das trug zu teils massiven Geruchsbelästigungen bei.

Auf den vielen ungepflasterten Straßen tümmelten sich Unrat, Kadaver und Abfälle. Außerdem lagen die Jauchen- und Senkgruben sowie die Abwassergerinne mitten in der Stadt, ein ausgezeichneter Tummelplatz für herrenlose Hunde, Schweine und mancherlei Ungeziefer. Gepflastert waren nur die großen Straßen und Marktplätze. Für die Reinigung der Straßen gab es zwar städtische „Mistknechte", doch deren Stress dürfte sich wohl in Grenzen gehalten haben, denn sie mussten nur zweimal im Jahr (!) die jeweiligen Straßenzüge säubern.

1370 erwähnte man in Wien erstmals das Gewerbe des „Kotkönigs" oder „purgatores privetes". Ihm oblag die

Beseitigung des Abfalls und er wurde meist von den Hauseigentümern in Anspruch genommen. Sehr effizient dürfte aber auch das nicht gewesen sein, denn noch im 15. Jahrhundert ist einem zeitgenössischen Text zu entnehmen: *„Die Böden sind aus weißem Lehm und mit Stroh bedeckt. Bisweilen wird das Stroh ausgetauscht, aber so unvollständig, dass die unteren Schichten unberührt bleiben, manchmal 20 Jahre lang. Sie beherbergen Auswurf, Erbrochenes, Urin von Hunden, Fischreste und andere Ungeheuerlichkeiten, die sich hier nicht ausführen lassen."*

Dazu kamen regelmäßige Überschwemmungen, die für Epidemien bis weit ins 19. Jahrhundert sorgten. Eines der schlimmsten Hochwasser traf die Wiener im Jahr 1830: Ein Eisstoß auf der Höhe von Stadlau ließ vom 26. Februar bis 10. März die Donau derart über die Ufer treten, dass die Leopoldstadt im heutigen 2. Bezirk sowie weitere donaunahe Siedlungen wie Floridsdorf, Leopoldau und Rossau großteils überflutet wurden. Als der Eisstoß dann in der Nacht zum 1. März brach, kamen in der dadurch ausgelösten Flutwelle insgesamt 74 Menschen ums Leben. Die Bäche des Wienerwalds und des Wienflusses konnten ebenfalls nicht mehr abfließen und traten auch über die Ufer. Große Teile des Stadtgebiets standen dadurch tagelang unter Wasser.

Weitaus schlimmer traf die Stadt jedoch die im Anschluss auftretende

Hochwasser 1830: Große Teile des Stadtgebiets standen tagelang unter Wasser (Aquarell von Eduard Gurk, um 1830)

Choleraepidemie, die durch die überfluteten Senkgruben und das dadurch verseuchte Grundwasser ausgelöst wurde. An der Cholera starben bis Dezember 1831 von 400.000 Einwohnern in Wien etwa 2.000 Menschen.

Ursprünglich kommt die Cholera aus Indien und trat vor allem entlang des Ganges auf, allerdings in einer viel harmloseren Form als später dann in Europa. Nach Europa verschleppt wurde sie wahrscheinlich durch russische Truppen zu Beginn des 19. Jahrhunderts. Diese wurden von der indischen Grenze abgezogen und gegen einen Aufstand im besetzten Polen eingesetzt.

In Europa entwickelte sich die Krankheit dann zu einer enorm ansteckenden Seuche, und die Verbreitung beschleunigte sich vor allem durch die höhere Mobilität und die dichtere Bevölkerung – die Angst vor einer neuen Pestepidemie machte rasch die Runde.

Die damals gängige Theorie lautete, dass die Cholera durch *„faule Luft"*, also durch Dünste (Miasmen), übertragen wird. Es war der englische Arzt John Snow, der nach einem Choleraausbruch im Londoner Stadtteil Soho, bei dem innerhalb von zwei Wochen auf einer Fläche von gerade einmal einem Quadratkilometer 2.600 Tote zu beklagen waren, erstmals eine geografische Dokumentation vornahm. Dabei stellte er fest, dass die Erkrankten ihr Wasser alle von einem gemeinsam genutzten Brunnen bezogen hatten. Dieser war direkt neben einer Senkgrube errichtet worden und dementsprechend verseucht. Als er die Londoner Behörden davon überzeugte, den Brunnen zu schließen, verebbte die Epidemie.

In Wien führte die Choleraepidemie 1830/31 dazu, dass nach und nach alle wichtigen Bäche der Stadt eingewölbt und in Bachkanäle umgewandelt wurden.

Miasmen wurden übrigens nicht nur für die Cholera verantwortlich gemacht – auch die Malaria wurde ursprünglich mit ihnen in Verbindung gebracht. Malaria war eine Seuche, die vor allem im südlichen Europa wütete. Nicht selten wurde Rom von Malariaepidemien heimgesucht, für die die nahen Tibersümpfe mit ihren Brutstätten der Anophelesmücke verantwortlich waren. Mancher deutsche König wartete daher bis in den Winter, bevor er zur Kaiserkrönung durch den Papst nach Rom zog, um sich nicht während der schwülen Sommermonate mit der Krankheit anzustecken. Erst im 20.

Jahrhundert konnte das Sumpfgebiet durch die damalige faschistische Regierung trockengelegt und besiedelt werden, was noch heute die große Beliebtheit rechtsgerichteter Politiker in dieser Region erklärt.

Auch in Mittel- und Nordeuropa kam es immer wieder zu Malariaepidemien. Im 17. Jahrhundert entdeckten jesuitische Missionare in Peru, dass die Indigenen ein Extrakt aus einer Baumrinde aßen und dadurch nicht an Malaria erkrankten. Die Jesuiten nannten diese Entdeckung „Chinarinde" (Cinchonia), woraus sich der Wirkstoff „Chinin" ableitete. Die neue Medizin, auch „Jesuitenpulver" genannt, verbreitete sich rasch und sorgte vielerorts, aber eben nicht überall für eine Eindämmung der Seuche.

Treff 1 Griechenviertel

„Auf der Schlachtpruckh bei dem rothen Turm."

Griechengasse

Das Griechenviertel liegt am Fleischmarkt und grenzt westlich an das sogenannte „Judenviertel" und im Süden an den Donaukanal. Benannt wurde das Viertel nach griechischen Kaufleuten, die sich ab etwa 1700 am Fleischmarkt niederließen und hauptsächlich im Orienthandel tätig waren.

Altgriechische Texte hatten einen großen Einfluss auf die Medizinbücher des europäischen Mittelalters. Ein Beispiel dafür sind die Sammelschriften des griechischen Arztes Pedanios Dioskurides, der im 1. Jahrhundert n. Chr. lebte. Er verfasste seine Texte in altgriechischer Sprache. In der Folge wurden sie durch wechselnde Eigentümerschaften in Latein und Arabisch ergänzt. Sie enthalten detailreiche und exakte Darstellungen von Heilpflanzen, die für die Medizin des Mittelalters und der Frühen Neuzeit von großer Bedeutung waren. Nach Wien gebracht wurden die Schriften im 16. Jahrhundert von dem Botaniker und Humanisten Ghislain de Busbecq im Zuge seiner diplomatischen Reise ins osmanische Reich. Sie befinden sich heute in der Österreichischen Nationalbibliothek und umfassen 485 großformatige Pergamentblätter.

Die Schriften des Dioskurides sind ein schönes Beispiel dafür, dass das antike medizinische Wissen den Untergang des Weströmischen Reichs unbeschadet überlebt und hier eine stetige Weiterentwicklung erfahren hat. Typisch für die Zeit der beginnenden Renaissance wird dieses Wissen nun wieder aufgegriffen.

Die Sammelschriften des Dioskurides mit Darstellungen von Heilpflanzen (im Bild: Bingelkraut)

Nicht weit vom Fleischmarkt entfernt befindet sich die heutige Schwedenbrücke, die früher Schlagbrücke hieß. Sie verbindet den 1. Bezirk über den Donaukanal mit dem 2. Bezirk. Ihren früheren Namen verdankt die Brücke dem Umstand, dass in der Mitte des 15. Jahrhunderts Ochsen und Rinder, die unter den Fleischbänken beim Roten Turm (daher der Name der auf die Schwedenbrücke im 1. Bezirk zusteuernden Rotentumstraße) verkauft wurden, nirgendwo anders geschlagen (das heißt: geschlachtet) werden sollten als *„auf der Schlachtpruckh bei dem rothen Turm"*.

Verkauft wurde im Mittelalter vor allem sogenanntes „Bruckfleisch" (unter „Bruck" verstand man früher ein Gestell, auf dem die Tiere vom Fleischer leichter geschlachtet werden konnten). Es besteht aus Herz, Milz, Leber, Bries, den „Lichteln" beziehungsweise Herzröhren (Aorta) sowie dem Kronfleisch (grobfasriges Fleisch von der Brustinnenwand des Rindes). Da es ohne Lagerung sofort verwendet werden sollte, kam es direkt von der Schlagbrücke in die Küche.

In Streifen oder blättrig geschnitten, wurde Bruckfleisch mit Wurzelgemüse und Gewürzen gedünstet, gestaubt, mit Wasser aufgegossen und mit Rotwein oder Essig abgeschmeckt. In alten Kochvorschriften ist Blut zum Eindicken vorgeschrieben. Nach Ignaz Gartlers legendärem Kochbuch „Wienerisches bewährtes Kochbuch in sechs Absätzen" (1818) gehörte das Bruckfleisch zu den *„verschiedenen Nebenspeisen an Fleischtagen"*.

Die Ernährung wurde speziell im Mittelalter sehr stark von religiösen Vorgaben geprägt. Nur an wenigen Tagen im Jahr durfte man Fleisch essen, der Rest war dem Fischverzehr vorbehalten. Allerdings war man mit der Auslegung, was nun „Fleischiges" sei und was „Fischiges", doch recht großzügig und durchaus auch kreativ. So galt beispielsweise Biberfleisch, gebraten oder gedämpft, und hier insbesondere der Biberschwanz, als Fastenspeise. Die einfache Begründung: Der Biber bewege sich im Wasser, daher sei er als „fischig" anzusehen. Untermauert wurde diese Ansicht dann auch vom Konstanzer Konzil von 1414/18: *„Biber, Dachs, Otter – alles genug."* Und 1754 erklärte der Jesuitenpater Pierre François Xavier de Charlevoix: *„Bezüglich des Schwanzes ist er ganz Fisch, und er ist als solcher gerichtlich erklärt durch die Medizinische Fakultät in Paris, und im Verfolg dieser Erklärung hat die Theologische Fakultät entschieden, dass das Fleisch während der Fastenzeit gegessen werden darf."*

EIN NEBENWEG:

Von Drachen und Teufeln

Das christliche Mittelalter war von einer starken Verbindung zwischen Drachen und Teufel überzeugt. Auf Bildern über Exorzismen fahren die Teufel in Form kleiner Drachen aus dem Mund der Besessenen heraus, Dämonen in Drachengestalt zieren Taufbecken und Wasserspeier gotischer Kathedralen. Die allegorische Bildersprache der Bibel übernehmen die Heiligenlegenden, insgesamt sind um die 60 Drachenheilige bekannt. Das Untier steht für die Qualen der Blutzeugen in den Märtyrerakten. In den Viten der frühmittelalterlichen Glaubensboten personifizierte der Drache das Heidentum, die Sünde, später die Ketzerei. Der Sieg über ihn galt als ein mit Gottes Hilfe vollzogenes Wunder, es genügte auch das Zeichen des Kreuzes oder ein Gebet, um ihn zu verscheuchen.

Da verwundert es nicht sehr, dass mit Margareta von Antiochia, die den Drachen mit dem Kreuzzeichen abwehrte, Cyriacus, der einer Kaisertochter den Teufel austrieb, und Georg – sein Lanzenkampf gegen die Bestie wird bis heute in zahllosen Darstellungen weltweit verbreitet – gleich drei Drachenheilige im Hochmittelalter unter den sogenannten „14 Nothelfern gegen Krankheiten und Tod" rangierten. Und auch ein passendes Arzneimittel war rasch gefunden: das Drachenblut.

Drachenblut ist ein rotbraunes Naturharz verschiedener Pflanzen, das als Phytopharmakon sowie als Beschichtungswerkstoff und Farbstoff auch heute noch verwendet wird. Bereits in der Antike wurde das Harz sehr hoch geschätzt und dort als Färbemittel für Lacke, Zahnpasten, Pflaster und Tinkturen eingesetzt. In China wurden Möbelstücke, Papier und Plakate damit gefärbt. Medizinisch verwendet wurde Drachenblut äußerlich bei Skorbut und zur Wundbehandlung als Antiseptikum, innerlich bei Durchfall und Atemwegserkrankungen sowie als Räucherwerk und zur Einbalsamierung von Leichnamen. Auch als Salbenzutat, beispielsweise zur Therapie der Syphilis, wurde das Harz des Drachenblutbaums verwendet. In der chinesischen Medizin findet es auch heutzutage noch seine Verwendung.

EIN NEBENWEG:

Die 14 Nothelfer

Heilige hatten eine wichtige Funktion für die Menschen: In Zeiten der Not, und damit auch bei Krankheiten, konnte man sie „anrufen", um Heilung beziehungsweise Linderung des Krankheitsverlaufs zu erbitten. Gott stand nicht zur Verfügung, dafür war jeder Einzelne zu klein.

Nun war es aber nicht so, dass die Menschen wahllos oder nach Lust und Laune ihre „Lieblingsheiligen" anriefen: Unterschiedliche Heilige hatten unterschiedliche „Talente", sie konnten also gewisse Krankheiten besser behandeln als andere. Aus diesem Glauben heraus entstand im Spätmittelalter der Kult der 14 Nothelfer, der von Regensburg aus seinen Anfang nahm und bald auch Wien erreichte. Als die 14 Nothelfer galten:

- Achtius (Helfer bei Todesängsten)
- Ägydius (Helfer für stillende Mütter)
- Barbara (Patronin der Sterbenden)

- Blasius (Helfer bei Halsleiden, Geschwüren und der Pest)
- Christophorus (Helfer bei plötzlichem und dadurch unvorbereitetem Tod, Retter aus jeglicher Gefahr, insbesondere Epilepsien)
- Cyriacus (Helfer in der Todesstunde)
- Dionysius (Helfer bei Kopfschmerzen, Tollwut und Seelenleiden)
- Erasmus (Helfer bei Leibschmerzen, Krämpfen, Koliken, Unterleibsbeschwerden und Magenkrankheiten)
- Eustachius (Helfer in schwierigen Lebenslagen und bei Trauerfällen)
- Georg (Helfer bei Fieber und ebenfalls der Pest)
- Katharina (Helferin bei Zungenleiden und Sprachproblemen)
- Margareta (Helferin der Gebärenden und bei allen Wunden)
- Pantaleon (Patron der Ärzte und Hebammen)
- Vitus (Helfer bei Geisteskrankheiten)

Die Zuordnungen waren dabei nicht zufällig und hingen meist mit dem Martyrium des Heiligen oder seinen sonstigen Lebensumständen zusammen. Dionysius beispielsweise wurde enthauptet, da lag es sehr nahe, ihn bei Kopfschmerzen anzurufen. Der heilige Blasius wiederum galt als Halsexperte, weil er einen Mann rettete, der an einer Fischgräte zu ersticken drohte.

Die 14 Nothelfer (Werkstatt Tilman Riemenschneider, um 1535)

Seit dem 16. Jahrhundert ist der Blasiussegen belegt, der stets am 3. Februar, also mitten in der Verkühlungssaison, gespendet wird. Dabei werden zwei brennende Kerzen vom Priester in Halshöhe des zu Segnenden mit den Worten gehalten: *„Auf die Fürsprache des Heiligen Blasius bewahre dich der Herr vor Halskrankheit und allem Bösen."*

Treff 2 Lugeck 6

„Der höchste Grad der Arzneien ist die Liebe."

Manchmal stehen sie Schlange vor den Türen: Touristen, die das angeblich beste, jedenfalls aber das bekannteste Wiener Schnitzel verkosten wollen – im Figlmüller. Drei Dependancen des traditionsreichen Familienunternehmens befinden sich am Lugeck beziehungsweise in unmittelbarer Umgebung. Und da „der Figlmüller" in keinem Reiseführer fehlen darf, strömen zu allen erdenklichen Zeiten Heerscharen von Touristen eben auch zum Lugeck 4, einem der drei Restaurantadressen Figlmüllers in der Gegend.

Wir aber befinden uns auf einer medizinhistorischen Spurensuche, und daher lohnt es, sich ein wenig nach rechts zu wenden, zur Adresse Lugeck 6: Dort – wo mit der „Labstelle" aktuell ebenfalls ein empfehlenswertes Restaurant sein Lager aufgeschlagen hat – befand sich sehr wahrscheinlich jenes Haus, das einen der wohl berühmtesten Ärzte der Geschichte für einige Zeit beherbergte: Aureolus Theophrastus Bombastus von Hohenheim, besser bekannt unter dem von ihm selbst gewählten Namen „Paracelsus". Er wohnte hier während seines Wienaufenthalts 1537/38.

Paracelsus gilt als Pionier der modernen Heilkunde und der organischen Chemie, er war Arzt, Naturphilosoph,

Lugeck 6

Alchemist, Laientheologe und Sozialethiker. Geboren 1493 oder 1494 in Egg im Kanton Schwyz (sein genaues Geburtsdatum lässt sich nicht mehr mit Sicherheit rekonstruieren), zog er bereits in jungen Jahren nach Villach, wo sein Vater die Stelle eines Stadtarztes innehatte. Er begann ein Artistenstudium (Studium der „septem artes liberales") als Vorbereitung für sein Studium der Medizin, setzte dann mit einem Medizinstudium 1513 bis 1516 in Ferrara seine Ausbildung fort und kam nach Reisen durch ganz Europa und Aufenthalten in verschiedenen Städten um die Jahreswende 1537/1538 nach Wien. Hier erhielt er eine Audienz beim späteren Kaiser Ferdinand I. – was flugs zu einem Boykott durch die Wiener akademischen Ärzte führte. Es sollte nicht der einzige Konflikt bleiben, den Paracelsus während seines ereignisreichen Lebens mit Universitäten respektive Ärzten ausfocht.

Tatsächlich wurde Paracelsus durch seine chemische Auffassung des Naturgeschehens und aller Vorgänge im menschlichen Körper zum Neuerer der Medizin seiner Zeit. Seine allgemeine Krankheitslehre fasste er im Werk *„Opus Paramirum"* zusammen. Den „tartarischen Krankheiten", das heißt den Ausscheidungs- und Niederschlagsvorgängen in den menschlichen Organen (Erkenntnis von der Steinbildung im Körper), widmete Paracelsus ebenso eine Schrift wie der *„Bergsucht und anderen Bergkrankheiten"* und der Chirurgie (*„Große Wundarznei"*).

Paracelsus wurde, ähnlich wie Hippokrates, durch sein empathisches Wirken zu einem ärztlichen Vorbild im Zeitalter des Humanismus. Seine ärztliche Grundhaltung kommt am besten in dem Sinnspruch *„Der höchste Grad der Arzneien ist die Liebe"* zum Ausdruck.

Dass er immer wieder mit der universitären Medizin in Konflikt geriet, lag vor allem an seinen alchemistischen Neigungen. Zeugnis dafür liefert in Wien unter anderem das Haus „Zum Küßdenpfennig" in der Griechengasse 3/Franz-Josefs-Kai 21, ganz in der Nähe zum Lugeck. Dort mietete sich Paracelsus für eine gewisse Zeit beim Wirten Wangler ein, und die Überlieferung weiß zu berichten, dass Paracelsus bei der Bezahlung einen Messingpfennig in eine Goldmünze verzaubert haben soll. Darauf verwies auch eine Inschrift, die allerdings beim Neubau des Hauses im Jahr 1741 verschwand.

Gedenktafeln zu Paracelsus findet man an beiden Häusern nicht, weder am Lugeck noch beim „Küßdenpfennig". Lediglich ein Gedenkstein mit einem Portraitrelief im – allerdings weit entfernten – Donaupark in Wien-Floridsdorf erinnert an den Aufenthalt des zu seiner Zeit wohl berühmtesten Arztes in Wien. Gewidmet wurde der Gedenkstein von der Landeshauptstadt Salzburg, wo Paracelsus am 24. September 1541 starb. Begraben ist er auf dem dortigen Sebastiansfriedhof, wo sich auch die letzten Ruhestätten von Leopold und Constanze Mozart, Vater und Ehefrau von Wolfgang Amadeus Mozart, befinden.

Am Weg zum alten Universitätsviertel lohnt ein kurzer Aufenthalt vor dem Haus Sonnenfelsgasse 9. Hier befand sich einst das Wohnhaus von Lucas Alantsee. Er hat in der Wiener Medizingeschichte einen besonderen Platz, da er als erster Bewohner der Stadt testamentarisch verfügte, dass sein Körper nach seinem Tod der Wissenschaft zur Verfügung gestellt werden sollte. Die Öffnung der Leiche übernahm Mathias Cornax, der darüber berichtete, „*... dass man ihm der Freundschaft willen die Brust geöffnet im Jahr 1522 und befunden, dass das Herz mehr denn halbert verfault und eitrig gewesen ist*" (siehe auch Seite 24).

Die Brüder Alantsee erhielten 1512 von Maximilian I. das Privileg für Druck und Vertrieb von Büchern für die Universität.

Treff 3 Altes Universitätsviertel

„Mein Weingeistvorrat labte kriegerische Kehlen."

Gemeinhin gilt der 14. Mai 1847 als Gründungstag der kaiserlichen Akademie der Wissenschaften, als die offizielle Genehmigung der Statuten durch Kaiser Ferdinand I. erfolgte. Sitz der Akademie ist seitdem das im Rahmen der Universitätsreformen Maria Theresias 1753 bis 1755 erbaute Aulagebäude am heutigen Dr.-Ignaz-Seipel-Platz 2, das 100 Jahre lang auch als Hauptsitz der Wiener Universität diente und vorwiegend die Medizinische und die Juristische Fakultät beherbergte. Im Erdgeschoss befanden sich der Hörsaal für Chirurgie, das erste anatomische Theater Wiens, der Prüfungssaal sowie das chemische Laboratorium.

Akademie der Wissenschaften mit Jesuitenkirche

Nicht immer gestaltete sich das Miteinander von Medizinern und Rechtsgelehrten einfach. Ein Streitpunkt war sicherlich der Keller, in dem die Mediziner ihre Leichen für die Sektionen lagerten, die über einen Aufzug direkt in das anatomische Theater gebracht werden konnten. Quellen belegen, dass der Verwesungsgeruch an warmen Tagen den Juristen durchaus unangenehm war.

Während der Vorlesungen wurden die Straßen rund um das Universitätsviertel mit Ketten abgesperrt, um so eine Störung des Unterrichts zu vermeiden. Im Revolutionsjahr 1848 besetzte das Militär das Gebäude. *„Mein Weingeistvorrat labte kriegerische Kehlen"*, schrieb dazu der Anatom Josef Hyrtl rückblickend. Mit der Einquartierung der Soldaten gerieten auch die Präparate der anatomischen Sammlung in große Gefahr, und damit nicht auch noch der Spiritus, in dem etwa 2.000 Präparate konserviert waren, den durstigen Kehlen zum Opfer fiel, verlegte man die Sammlung rasch ins Josephinum (siehe auch Seite 117 ff.). Nach diversen Umbauten sind Hörsaal sowie Leichenaufzug bedauerlicherweise heute nicht mehr erkennbar.

Viele berühmte Ärzte der damaligen Zeit sind untrennbar mit der Aula verbunden, wo sie ihre Zeugnisse erhielten. Einer, den man später nur mehr mit der Berggasse im 9. Bezirk in Verbindung bringen wird, wurde hier 1881 promoviert: Sigmund Freud.

Nur ein paar Schritte entfernt befindet sich in der Sonnenfelsgasse 19 das sogenannte „Pedellhaus", benannt nach der Funktion des Pedells (= bedellus), also des Administrators der Universität. „Domus Universitatis MDCXXVII" steht bis heute oberhalb des Portals und auf dem Balkongitter befinden sich die Initialen für die „Universität Viennensis" „U" und „V". Hier befand sich von 1627 bis 1884 das Amtshaus der Universität, in welchem das Archiv, die Kanzlei und das Verwaltungsgebäude untergebracht waren.

Pedellhaus in der Sonnenfelsgasse 19: Einst ein Kerker mit eigener Gerichtsbarkeit

Der Raum unter dem Balkon war einst ein Karzer, also Kerker, der nur für die Universität in Verwendung stand, die bis 1783 über eine eigene Gerichtsbarkeit verfügte. Im Falle einer Verurteilung zum Tode konnten Universitätsangehörige dadurch zumindest darauf zählen, „ehrenvoller" mit dem Schwert hingerichtet und nicht wie das gemeine Volk gehängt zu werden.

Rund um das Pedellhaus lagen die Studentenbursen. Dort lebte man nach reglementierten Vorgaben in einer Art Wohngemeinschaft. Meistens waren diese nach Herkunftsort der Studiosi benannt. Die Schlesier kamen beispielsweise in der „Bursa Silesorum" unter. Die Bursen verfügten über Unterrichtsräumlichkeiten sowie Schlaf- und Wohnräume: die Bude. War der Magister nicht anwesend, gab es „sturmfreie Bude". Bei der Wiener Bevölkerung hatten die Studenten allerdings keinen guten Ruf. Oft kam es zu Prügeleien, weshalb sich ein Schulmeister im 18. Jahrhundert zu folgendem Hilferuf bemüßigt fühlte: *„Das Sittenverderben unserer heutigen Jugend ist so groß, dass ich es unmöglich länger bei derselben aushalten kann. Ja, oft geschieht es, dass die nicht in Schranken gehaltene oder nicht gebührend ausgetriebene Zuchtlosigkeit eines einzigen Jünglings von ungesunder Triebkraft und verdorbenen Auswüchsen auch die übrigen noch frischen und gesunden Pflanzen ansteckt."*

Leider gibt es keine genauen Aufzeichnungen darüber, wie häufig die Studenten damals ihre Burse mit dem Karzer tauschten. Anzunehmen ist, dass die Tage mit Leerbelegungen im Karzer eher überschaubar gewesen sein durften.

Treff 4 Heiligenkreuzerhof

„Die Sorge für die Kranken muss vor und über allem stehen."

Die Blütezeit der Klostermedizin dauerte vom 6. bis tief ins 12. Jahrhundert. Vor allem im Früh- und Hochmittelalter war sie integraler Bestandteil des Gesundheitswesens, und dies in dreifacher Hinsicht:

- Medizinisches Wissen wurde damals durch das Kopieren antiker Arznei- und Anatomiebücher von Generation zu Generation weitergegeben, was in den Skriptorien der Klöster ermöglicht wurde.
- Darüber hinaus waren die Klöster aber auch Produzenten von Arzneimitteln, die aus den in ihren Gärten kultivierten Heilkräutern hergestellt wurden.
- Und schließlich waren Klöster auch Horte der Krankenpflege, da ihre aus Stein errichteten Gebäude leichter zu reinigen und somit hygienischer waren als die Hütten, in denen Mensch und Tier unter einem Dach lebten.

Klöster waren im Mittelalter also Apotheke, Primärversorgungseinheit und Spital in einem, und das – gemessen an den Möglichkeiten der damaligen Zeit – auch durchaus erfolgreich.

Bereits um das Jahr 540 legte Benedikt von Nursia in seiner Klosterregel fest, dass die Fürsorge für Kranke, Schwache und Arme eine der Grundlagen des klösterlichen Lebens sein soll. Im 36. Kapitel der Benediktsregel heißt es: *„Die Sorge für die Kranken muss vor und über allem stehen: Man soll ihnen so dienen, als wären sie wirklich Christus; hat er doch gesagt: Ich war krank, und ihr habt mich besucht, und: Was ihr einem dieser Geringsten getan habt, das habt ihr mir getan. Aber auch die Kranken mögen bedenken, dass man ihnen dient, um Gott zu ehren; sie sollen ihre Brüder, die ihnen dienen, nicht durch übertriebene Ansprüche traurig machen. Doch auch solche Kranke müssen in Geduld ertragen werden; denn durch sie erlangt man größeren Lohn. Daher sei es eine Hauptsorge des Abtes, dass sie unter keiner Vernachlässigung zu leiden haben."*

Die Anlehnung an das 25. Kapitel des Matthäus-Evangeliums ist nicht zu übersehen: *„Ich war nackt, und ihr habt mich bekleidet. Ich war krank, und ihr* *habt mich besucht. Ich war hungrig, und ihr habt mich gespeist."*

Die Benediktsregel stellte eine wichtige Grundlage für die klösterliche medizinische Tätigkeit dar. Kranke Mitbrüder wurden zudem vom Leitsatz „ora et labora et lege" ausgenommen, sie durften ausnahmsweise Fleisch essen und so oft baden, wie sie wollten.

Eingang zum Heiligenkreuzerhof

Neben den Benediktinern waren es vor allem die 1119 päpstlich bestätigten Zisterzienser, die sich besonders der Krankenpflege annahmen, da sie ebenfalls der Benediktregel unterstellt waren (der Heiligenkreuzerhof wurde im 12./13. Jahrhundert errichtet und gehört seit dieser Zeit dem Zisterzienserstift Heiligenkreuz). Ein typisches Benediktiner- oder Zisterzienserkloster hatte ein Infirmarium in der Klausur (= Krankenzimmer für Mitbrüder, eine eigene Küche, ein eigenes Bad, Aderlasseinrichtungen), aber oft auch ein eigenes Hospital für Wohlhabendere (Hospitium) sowie eines für Arme (Hospitale Pauperum). Baulich waren die Klöster so angelegt, dass das Dormitorium nie feucht war. Vor dem Essen mussten die Mönche immer im Brunnenhaus die Hände waschen – es ist dies eine der ersten überlieferten Hygienevorschriften im Mittelalter.

Geleitet wurde das Infirmarium durch den sogenannten „Infirmarius", der auf eine heilkundliche Betreuung auf Basis der Diätetik achtete: Ein rechtes Maß an Licht und Luft, Essen und Trinken, Bewegung und Ruhen, Schlafen und Waschen sollte die Heilung herbeiführen. Krankenbetten wurden regelmäßig aufgeschüttelt, und der Genuss von Fleisch war erlaubt, damit sich neues Blut bilden konnte.

Kranksein in mittelalterlichen Klöstern hatte also durchaus auch seine angenehmen Seiten, und das dürfte das eine oder andere Mal auch ausgenutzt worden sein. Anders ist es nicht zu erklären, dass es in der Abtei von Cluny in Burgund beispielsweise eine Verordnung gab, wonach jeder Kranke zuerst vor allen Mitbrüdern seinen Zustand erklären musste. Erst wenn diese ihm die Krankheit zugestanden, kam er in den Genuss der Sonderbehandlung. Optische Kennzeichnung: Kranke sollten – egal, woran sie litten – ihren Kopf stets bedeckt halten und einen Gehstock benutzen.

Selbstlosigkeit und Krankenpflege wurden durchaus auch als „Jenseitsvorsorge" betrachtet. Das dürfte mit ein Grund dafür gewesen sein, dass sich viele Mönche auf diesem Gebiet besonders engagierten.

In der Benediktsregel wurden Äbte oft mit Ärzten verglichen. Tatsächlich dürfte das medizinische Wissen der Mönche in der damaligen Zeit sehr groß gewesen sein. So wurden auf Zisterzienserfriedhöfen beispielsweise Skelette gefunden, die von komplizierten chirurgischen Eingriffen nach Verletzungen zeugen. Vom Mönchsarzt Notker aus St. Gallen wird berichtet, dass er – so um 950 – den bayerischen Herzog Heinrich I. hätte behandeln sollen. Dieser kam der Bitte um Überlassung einer Urinprobe zur Diagnosestellung aber nicht wirklich nach und ließ dem Arzt daher den Urin einer schwangeren Hofdame überbringen. Notker verfügte jedoch über das nötige medizinische Wissen, um diesen Schwindel zu erkennen und prophezeite dem Herzog, er werde in 30 Tagen ein Kind gebären ...

Im 12. Jahrhundert fand dann die „Blütezeit der Klostermedizin" ein jähes Ende: Mehrere Konzilbeschlüsse, beispielsweise die Synode von Clermont 1130, untersagten Mönchen, sich dem Studium der Medizin zu widmen, und hier insbesondere der Chirurgie. Unter anderem wurde es als höchst problematisch angesehen, dass ein Geistlicher mit dem Abstand von vielleicht nur wenigen Stunden zuerst Blut und dann die heilige Hostie berührte. Außerdem war man davon überzeugt, dass es sich negativ auf das Seelenheil auswirkt, wenn ein Patient aufgrund eines Behandlungsfehlers des Mönchsarztes verstirbt. Und das Konzil von Tour im Jahr 1163 verbot dann schließlich die medizinische Ausbildung von Mönchen.

Abgelöst wurden die geistlichen Ärzte von sogenannten „Buchärzten", die an einer Medizinischen Fakultät akademisch ausgebildet wurden. Die ersten Wiener Buchärzte wurden an oberitalienischen Universitäten promoviert, und hier vor allem in Padua. 1413 taucht dann in Wien erstmals der Titel „doctor medicinae" auf – erworben an der Universität Wien.

Die frühe Geschichte der Ärztekammer (siehe auch Seite 24) ist übrigens sehr stark mit einem Bucharzt verwoben. Wo sich heute der Sitz der Ärztekammer für Wien befindet (Wien 1., Weihburggasse 10–12), befand sich früher das Haus von „Niclas, dem Bucharzt". Seit 1983 befindet sich im Foyer des Hauses eine Gedenktafel in historisierenden Jugendstilformen mit folgendem Text: *„Auf diesem Platz standen um 1200 n.Chr. die Häuser Nr. 922, 923 und 924. Nr. 924 gehörte Dr. Hebreinstorf, genannt ‚Niclas, der Bucharzt', der das Haus und seine Bibliothek 1419 der medizinischen Fakultät vermachte. Durch 106 Jahre kamen ‚die Medicin in ihrem eygen Haus zusammen, um ihre Sachen abzuhandeln'. 1525 sind alle drei Häuser ‚verprunnen und verdorben'. Wiederaufbau im Barock als Nr. 10, 10A und 12. 1531 erhielt das Haus Nr. 10 den Schildnamen ‚Zum gelben Adler'. 1911 errichtete Baumeister Guido Gröger an Stelle der drei Barockhäuser das große Haus Nr. 10–12 im Jugendstil. Seit 1956 aufgrund des österreichischen Staatsvertrages Eigentum der Ärztekammer für Wien. Renoviert 1979–1984."*

Innenhof des Heiligenkreuzerhofs

TOUR 3

WIEN ALS MEKKA DER MEDIZIN

Ein Rundgang durch den Arkadenhof der Universität sowie das alte AKH ist eine Begegnung mit dem Forschergeist von Ärzten im 18. und 19. Jahrhundert.

Noch heute ist die Ärztedichte rund um das Universitätsgebäude und das alte Allgemeine Krankenhaus (AKH), im Schnittpunkt vom 1., 8. und 9. Bezirk, enorm hoch. Dabei kann auf eine lange Tradition zurückgeblickt werden, denn kaum ein Grätzel der Stadt weist eine so hohe Zahl an medizinhistorisch bedeutsamen Stätten auf.

Im alten AKH wurde Geschichte geschrieben, und das über viele Jahrzehnte hindurch. Der Nachfolgebau des Armenhauses – ab 1697 wurden dort bis zu 1.000 Bedürftige gleichzeitig versorgt – war Heimstätte der sogenannten „Zweiten Wiener Medizinischen Schule", die durch Persönlichkeiten wie Carl von Rokitansky, Josef von Škoda oder Ferdinand von Hebra geprägt war. Joseph II. verwandelte das Armenhaus, teils mit privatem Geld, 1783/84 in eines der damals modernsten und größten Spitäler Europas.

Vielen berühmten Ärzten früherer Zeiten haben die Stadt und die Universität Denkmäler gesetzt. Diesen wollen wir uns bei diesem Rundgang zuwenden, denn die Geschichten hinter all den Größen der Medizin offenbaren wissenschaftliche Entdeckungen und Fertigkeiten, die viele Jahrzehnte überdauerten und nicht selten auch heute noch die Grundlagen der modernen Medizin darstellen.

Frauen sucht man in dieser Runde leider vergeblich, denn erst 1897 promovierte Gabriele Possanner von Ehrenthal als erste Medizinerin in der österreichisch-ungarischen Monarchie (siehe auch Seite 150). An ihrem Wohn- und Arbeitshaus in der Alserstraße 26 im 9. Bezirk erinnert eine Gedenktafel an sie, auch eine Straße im 13. Bezirk, ein Park im 9. Bezirk sowie ein Sitzungssaal in der Ärztekammer für Wien wurden nach ihr benannt.

Treff 1 Arkadenhof der Universität

Von 153 Büsten sind 53 verdienten Ärzten gewidmet.

Dem Bau der Wiener Hauptuniversität, heute Universitätsring 1, ging eine jahrelange Debatte voraus. Bereits 1858 fiel der Beschluss für den Bau des neuen Universitätsgebäudes. Es sollten aber weitere 15 Jahre vergehen, bis dann tatsächlich mit dem Bau begonnen werden konnte. Als Architekt wurde Heinrich Freiherr von Ferstel gewonnen – der paradoxerweise lange gegen den Standort protestierte, befürchtete er doch die optische Konkurrenz mit der ebenfalls von ihm erbauten nahegelegenen Votivkirche.

Ferstel war es nicht beschieden, die Fertigstellung der Universität zu erleben: Er starb am 14. Juli 1883, auf den Tag genau zehn Jahre nach Baubeginn. Fertiggestellt wurde der Bau dann von seinem Schwager Heinrich Freiherr von Köchlin sowie seinem Sohn Max von Ferstel. Die feierliche Eröffnung fand am 10. Oktober 1884 in Anwesenheit des Kaisers statt. Insgesamt kostete der Bau mehr als 7,6 Millionen Gulden, nach heutigem Wert in etwa 155 Millionen Euro.

Bereits 1885 entschied der Akademische Senat, verdiente Professoren posthum mit Denkmälern zu ehren –

Hauptuniversität am Universitätsring 1

allerdings frühestens fünf Jahre nach deren Tod. Aufgestellt sind die meisten Denkmäler im zentral gelegenen Arkadenhof, der insgesamt 153 Büsten beziehungsweise Gedenktafeln zählt. 53 davon sind Ärzten gewidmet. Besichtigt werden können sie bei freiem Eintritt während der Öffnungszeiten der Universität. Die Reihenfolge der folgenden Ärzteauswahl entspricht einem Rundgang im Uhrzeigersinn:

Nikolaus Joseph Freiherr von Jacquin (1727–1817)

Nikolaus Joseph Freiherr von Jacquin

Jacquin promovierte als „Doktor der Arzneykunde" in Wien bei Gerard van Swieten und Anton de Haen. Seine großen Verdienste an der Medizinischen Fakultät liegen allerdings im Bereich der Botanik: Er gilt als Erstbeschreiber vieler Pflanzen und Pilze und war maßgeblich an der Einführung des pflanzlichen Ordnungssystems nach Carl von Linné in der Donaumonarchie beteiligt. Er gründete den Botanischen Garten in Wien und war Direktor der Kaiserlichen Gärten von Schloss Schönbrunn.

Gerard van Swieten

Jan Ingen-Housz

Gerard van Swieten (1700–1772)

(siehe Seite 70 ff.)

Jan Ingen-Housz (1730–1799)

Mit 16 Jahren begann Ingen-Housz sein Studium in Löwen, das damals zu den österreichischen Niederlanden gehörte, promovierte mit 23 Jahren und unternahm ausgedehnte Bildungsreisen nach Paris und Leiden. Nach einigen Jahren Tätigkeit als praktischer Arzt in seiner Heimatstadt Breda zog er nach London und machte sich dort vor allem mit seinen Pockenimpfungen einen Namen.

Pockenepidemien traten in Wien bis ins 19. Jahrhundert auf. 1753 beispielsweise entfielen 15 Prozent aller Verstorbenen auf die Pocken. Vor allem Kinder verstarben an der Epidemie, aber auch Erwachsene. Prominente Beispiele aus dem Haus Habsburg sind Joseph I., Isabelle von Bourbon-Parma, die Frau von Joseph II., sowie drei Töchter Maria Theresias. Auch die Herrscherin selbst erkrankte an den Pocken.

Ingen-Housz war ein Vorreiter der Impfung gegen Pocken. Er entnahm Patienten, die an einer leichten Form von Pocken litten, ein Serum und injizierte es gesunden Menschen, die dann entsprechende Antikörper entwickelten und so zumindest einige Zeit gegen die Pocken immun wurden. So impfte er die gesamte Familie am königlichen Hof in England, bis ihm schließlich Maria Theresia eine Stelle am Hof in Wien als Leibarzt anbot.

Kaum ein Arzt der damaligen Zeit war so vielseitig in seinen Forschungen wie Ingen-Housz. Ihm gelang der Nachweis über die unterschiedliche Wärmeleitfähigkeit in verschiedenen Metallen, er wandte als erster Kohlenstoff in der Medizin an, erfand die Elektrisiermaschine, konstruierte einen Heißluftballon, den er im Prater steigen ließ, und erforschte den Blitzableiter.

Man kann sich gut vorstellen, dass ein aufgeklärter Herrscher wie Joseph II. von Ingen-Housz fasziniert war. Er soll ihm freundschaftliche Besuche abgestattet haben, bei denen er ihm angeblich bei der Arbeit über die Schulter schaute. Der Botaniker Julius Wiesner (seine Büste steht wenige Meter weiter zwischen jenen der Mediziner Heinrich von Bamberger und Josef Seegen) schrieb 1905: *„Was die Lektüre der Schriften des Ingen-Housz besonders auszeichnet, ist die sonnige Klarheit seiner Darstellung, welche mit einer wohltuenden Einfachheit des Ausdruckes gepaart ist und nichts anderes beabsichtigt, als den Leser in der sichersten Weise zu belehren. Und immer geschieht es mit einer den Gegenstand erschöpfenden Gründlichkeit, deren Wert gerade dort am meisten empfunden wird, wo er verwickelte Gegenstände (...) verständlich zu machen unternimmt."*

Carl von Rokitansky (1804–1878)

Rokitansky gilt mit Josef von Škoda und Ferdinand von Hebra als Mitbegründer der „Zweiten Wiener Medizinischen Schule". Durch sie wurde ein Paradigmenwechsel in der Medizin eingeläutet.

Die pathologische Anatomie war damals nicht von Bedeutung. Mit Rokitansky änderte sich das schlagartig: Die Anatomie müsse im Dienste der Wissenschaft stehen, dadurch ermögliche sie dem Arzt neue Diagnosestellungen und Therapiemöglichkeiten, lautete sein Credo. Insgesamt verfasste Rokitansky 60.000 Obduktionsbefunde –

Carl von Rokitansky

Robert Ultzmann

H. von Bamberger

Josef Seegen

angeblich hat er 30.000 Obduktionen selbst durchgeführt. Sein Standardsatz bei den Befunden lautete: „*Aus diesem Leichenbefunde geht hervor …*".

Rokitansky war mehrmals Dekan der Medizinischen Fakultät in Wien, Präsident des Obersten Sanitätsrats und er leitete die Gesellschaft der Ärzte in Wien. Zudem war Rokitansky Politiker bei den Liberalen und interessierte sich für Philosophie und Ethik. 1869 hielt er eine Rede in der Akademie der Wissenschaften in seiner Funktion als Vizepräsident über die „Solidarität alles Thierlebens". Dabei outete er sich als entschiedener Gegner von Tierversuchen, womit er seine philosophische Nähe zu Arthur Schopenhauers Mitleidslehre bekundete. Die Humanität sah Rokitansky stets als leitendes Prinzip der Tätigkeit eines Arztes.

Robert Ultzmann (1842–1889)

Ultzmann war Urologe und Spezialist für Harnröhrenerkrankungen. Bei der Gründung der Allgemeinen Wiener Poliklinik übernahm er die Sektion „Chirurgie und Krankheiten der Harnorgane".

Heinrich von Bamberger (1822–1888)

Bamberger war ein Schüler von Josef von Škoda. Ihm ist die Einführung der Lehre der Chemie und Mikroskopie in der Medizin zu verdanken. Er gründete – gemeinsam mit dem Augenarzt Ernst Fuchs, dem ebenfalls eine Büste im Arkadenhof gewidmet ist – die *Wiener Klinische Wochenzeitschrift* und verfasste 50 Publikationen über Krankheiten des Herzens, der Niere, der Verdauungsorgane und des Gehirns.

Gemeinhin gilt Bamberger als „Vollender" der „Zweiten Wiener Medizinischen Schule".

Josef Seegen (1822–1904)

Seegen war Balneologe und Gründer des Vereines für Heilquellenkunde in Österreich. Ihm gelang der Nachweis, dass die Zuckerbildung ein vitaler und an das Leben der Leberzelle gebundener Vorgang ist.

Karl Landsteiner (1868–1943)

Um 1900 bemerkte Landsteiner, dass das Blut zweier Menschen beim Vermischen oft verklumpt: *„Das Serum gesunder Menschen wirkt nicht nur auf tierische Blutkörperchen agglutinierend, sondern öfters auch auf menschliche, von anderen Individuen stammende. Es bleibt zu entscheiden, ob diese Erscheinung durch ursprüngliche individuelle Verschiedenheiten oder durch erfolgte Einwirkung von Schädigungen etwa bakterieller Natur bedingt ist. Thatsächlich fand ich das erwähnte Verhalten bei Blut, das von Schwerkranken herrührte, besonders ausgeprägt."*

Landsteiner gilt als Entdecker des ABO-Systems der Blutgruppen, wofür ihm 1930 der Nobelpreis für Medizin verliehen wurde. Am Institut für Hygiene in Wien verfeinerte er zudem die Syphilisdiagnostik und entwickelte einen Impfstoff gegen die Kinderlähmung mit. Sein Konterfei zierte lange den 1.000- Schilling-Schein.

Karl Landsteiner

Julius Tandler

Julius Tandler (1869–1936)

Tandlers Verdienste – er kam aus bescheidenen Verhältnissen und musste sich das Geld für den Besuch des Gymnasiums und des weiteren Studiums selbst verdienen – lagen vor allem im sozialen und Fürsorgebereich. Er errichtete in Wien zahlreiche soziale Einrichtungen, die heute noch bestehen, wie Mütter-, Ehe- sowie Trinkerberatungsstellen. Tandler engagierte sich im Bereich der Kinder- und Jugendarmenfürsorge und bekämpfte intensiv die zur damaligen Zeit noch sehr hohe Säuglingssterblichkeit. Als Arzt sah er seine Aufgabe vornehmlich im Verhindern von Krankheiten.

Durchaus kritisch gesehen werden heute Tandlers Ansichten im Bereich der Bevölkerungspolitik. In einem 1924 verfassten Aufsatz zu „Ehe und Bevölkerungspolitik" finden sich unter anderem diese Sätze: *„Welchen Aufwand übrigens die Staaten für völlig lebensunwertes Leben leisten müssen, ist zum Beispiel daraus zu ersehen, daß die 30.000 Vollidioten Deutschlands diesem Staat zwei Milliarden Friedensmark*

Ferdinand von Arlt

Emil Zuckerkandl

Julius Wagner-Jauregg

Eduard Albert

kosten. Bei der Kenntnis solcher Zahlen gewinnt das Problem der Vernichtung lebensunwerten Lebens an Aktualität und Bedeutung. Gewiß, es sind ethische, es sind humanitäre oder fälschlich humanitäre Gründe, welche dagegen sprechen, aber schließlich und endlich wird auch die Idee, daß man lebensunwertes Leben opfern müsse, um lebenswertes zu erhalten, immer mehr und mehr ins Volksbewußtsein dringen."

Ferdinand von Arlt (1812–1887)

Arlt gehört zu den wichtigsten Ärzten in der Augenheilkunde. Er hat die Ophthalmologie systematisch in Prag und Wien aufgebaut. Unter anderem erkannte er die Verlängerung des Bulbus, ein kugelförmiges, in der Augenhöhle liegendes Organ, als Ursache für die Kurzsichtigkeit und wandte neue Methoden zur Operation des Augapfels und der Linse an. Arlt war Mitherausgeber der ersten augenärztlichen Fachzeitschrift *Archiv für Ophtalmologie*.

Emil Zuckerkandl (1849–1910)

Hört man den Namen Zuckerkandl, denkt man zuerst wohl an die literarischen Salons der Bertha Zuckerkandl-Szeps. Sie war die Frau von Emil Zuckerkandl, einem Anatomen aus Győr, der bei Josef Hyrtl und Carl von Rokitansky studierte und sich große Verdienste um die Forschung zur Schädelkunde erwarb.

Julius Wagner-Jauregg (1857–1940)

(siehe Seite 148 ff.)

Eduard Albert

(1841–1900)

(siehe Seite 141)

Sigmund Freud

(1856–1939)

Freud immatrikulierte 1873 an der Medizinischen Fakultät in Wien. Der Zoologe Carl Claus ermöglichte ihm ein Forschungsstipendium

an der zoologischen Versuchsanstalt in Triest, wo Freud seine erste wissenschaftliche Arbeit über die Hoden der Aale vorlegte. In Wien promovierte er zum Doktor der Medizin und schrieb über *„Das Rückenmark niederer Fischarten"*.

Er begann als Arzt im alten AKH im Laboratorium für Gehirnanatomie im Bereich der Neurophysiologie zu arbeiten. Leiter dieser Abteilung war Hermann Nothnagel. In dieser Zeit veröffentlichte Freud seine Studie *„Über Kokain"*. Freud lernte in Paris Jean-Martin Charcot und die Hypnose kennen, distanzierte sich von dieser aber und wandte sich der Sprechtherapie zu, die auf freien Assoziationen und Traumdeutung basiert.

Ab 1896 sprach Freud erstmals von Psychoanalyse. Es wurde die berühmte „Psychologische Mittwoch-Gesellschaft" ins Leben gerufen, aus der heraus sich 1908 die Wiener Psychologische Vereinigung gründete. Mitglieder waren unter anderem Alfred Adler, Carl Gustav Jung und Sándor Ferenczi.

Wichtige Werke Freuds sind auch *„Das Unbehangen in der Kultur"* und *„Die Zukunft einer Illusion"*, die ihn als Kulturtheoretiker und Religionskritiker auszeichneten.

Im Juni 1938 konnte Freud mit seinem engsten Familienkreis vor dem NS-Regime nach London fliehen. Freud litt seit Jahrzehnten an Gaumenkrebs und war von seinem Leiden bereits schwer gezeichnet. Er starb im September 1939, nachdem er eine Dosis Morphin genommen hatte.

Leopold Schrötter Ritter von Kristelli (1837–1808)

Schrötters Forschungsschwerpunkt lag zunächst auf dem Gebiet der Laryngologie, einem medizinischen Fachgebiet, das sich mit dem Kehlkopf und seinen Erkrankungen beschäftigt. Er begründete in Wien den ersten Lehrstuhl für Laryngologie und richtete 1871 die erste laryngologische Klinik der Welt im AKH ein. 1890 wurde Schrötter zum ordentlichen Professor und 1896 schließlich zum Hofrat ernannt.

Später erweiterte er seine Forschungsschwerpunkte auf Herz- und Gefäßkrankheiten. Eine Thrombose der tiefen Arm-, Achsel- oder Schlüsselbeinvene, das Paget-von-Schrötter-Syndrom, ist nach dem englischen Chirurgen Sir James Paget und eben nach

Josef von Škoda

Ferdinand von Hebra

Josef Hyrtl

Moriz Kaposi

Schrötter benannt. In seiner Klinik führte Schrötter frühzeitig die Röntgendiagnostik ein. Zu seinen Patienten zählte ab 1891 auch Anton Bruckner.

Josef von Škoda (1805–1881)

Gemeinsam mit Ferdinand von Hebra und Carl von Rokitansky gründete Škoda die „Zweite Wiener Medizinische Schule". Er setzte sich insbesondere für die Tierseuchenverhütung und das Findelhauswesen ein.

Ferdinand von Hebra (1816–1880)

Hebra war maßgeblich an der Neuordnung von Hauterscheinungen beteiligt – was revolutionär war, da man damals noch der Ansicht war, dass Krankheiten durch eine Form von Säftefehlmischung (arabische Humoralpathologie) nach außen dringen. Mithilfe von Selbstversuchen konnte er 1844 nachweisen, dass es sich bei der Krätze um eine parasitäre Hauterkrankung handelt. Durch das Wirken Hebras wurde Wien Mittelpunkt der damaligen dermatologischen Forschung.

Josef Hyrtl (1810–1894)

Als Anatom strebte Hyrtl eine Verknüpfung der Anatomie mit den praktischen Fächern der Medizin an. Er begründete das Museum für vergleichende Anatomie in Wien und versorgte viele anatomische Museen weltweit mit Präparaten.

Moriz Kaposi (1837–1902)

Kaposi hieß ursprünglich Moriz Kohn. Da aber so viele „Kohns" in Wien im medizinischen Bereich arbeiteten und er nicht verwechselt werden wollte, änderte er nach seiner Heirat mit Martha von Hebra, der Tochter von Ferdinand von Hebra, seinen Namen nach seinem Geburtsort Kaposvár am Fluss Kapos im heutigen Ungarn. Mit seinem Schwiegervater schrieb er das *„Lehrbuch über Hautkrankheiten"*. Insgesamt verfasste Kaposi 150 Publikationen. Er gehört zu den Mitbegründern der Deutschen Dermatologischen Gesellschaft. Weiterhin bekannt ist sein Name heute durch das Kaposi-Sarkom, eine seltene Form von Hautkrebs.

Ludwig Mauthner (1840–1894)

Mauthner (nicht zu verwechseln mit Ludwig Wilhelm Mauthner von Mauthstein, dem Kinderarzt und Mitbegründer des St. Anna Kinderspitals, siehe Seite 127) war Augenarzt und führte zahlreiche neue Methoden in der Augenchirurgie ein. Interessant sind seine Familienverhältnisse mit starkem Russlandbezug: In zweiter Ehe war Mauthner mit Rebecca Brodskyj verheiratet. Sie war die Schwester des ukrainischen Unternehmers Lasar Brodskyj und eine der reichsten Frauen des russischen Zarenreichs.

Theodor Billroth (1829–1894)

(siehe Seiten 61 f. und 142 f.)

Hermann von Widerhofer (1832–1901)

Widerhofer war Leibarzt der Kinder des Kaiserhauses. Am 31. Jänner 1889 führte er, gemeinsam mit zwei Kollegen, die Obduktion von Kronprinz Rudolf nach dessen Selbstmord in Mayerling durch. Als Pädiater erwarb er sich besondere Verdienste im Kampf gegen die Diphtherie.

Clemens von Pirquet (1874–1929)

Pirquet führte den Begriff „Allergie" in die Medizin ein. Er erkannte als erster, dass Antikörper nicht nur schützende Immunantworten, sondern auch Überempfindlichkeiten auslösen können.

Weit weniger bekannt ist, dass er sich auch große Verdienste in der Erforschung von Säuglingsernährung erwarb. Er entwickelte ein eigenes Ernährungssystem (NEM/Nähreinheit Milch). 1919 wurde er Administrator der Ausspeisung amerikanischer Hilfsorganisationen für Kinder sowie Vorsitzender des Völkerkomitees für Säuglingsfürsorge.

Das Leben von Pirquet endete tragisch: Seine aus dem Fürstbistum Lüt-

Ludwig Mauthner

Theodor Billroth

H. von Widerhofer

Clemens von Pirquet

tich stammende Familie legte großen Wert auf ihren Stand als Patrizierfamilie. Das Schicksal wollte es, dass er eine Frau heiratete, die von seiner Familie nicht akzeptiert wurde. Im Alter von 54 Jahren nahm er sich mit der Einnahme von Zyanid gemeinsam mit seiner Frau das Leben.

Ignaz Philip Semmelweis (1818–1865)

Semmelweis gilt gemeinhin als „Retter der Mütter“. Er begann 1846 als Assistenzarzt in der Geburtshilflichen Abteilung des AKH. Er wurde Assistent von Johann Klein, dem Leiter der 1. Geburtshilflichen Klinik. Es war allgemein bekannt, dass in dessen Abteilung, in der Ärzte und Medizinstudenten arbeiteten, die durch das Kindbettfieber bedingte Sterblichkeit wesentlich höher war als in der 2. Abteilung, in der Hebammenschülerinnen ausgebildet wurden.

Semmelweis interessierte sich für dieses Phänomen und wollte den Grund für die hohe Sterblichkeit herausfinden. Er untersuchte die Mütter daher noch gründlicher. Doch gerade durch diese Bemühungen stiegen die Todesfälle in der Abteilung weiter an. Frauen weigerten sich schließlich, in die Abteilung, an der Semmelweis tätig war, verlegt zu werden.

Während einer Leichensektion wurde ein befreundeter Gerichtsmediziner von einem Skalpell, das für Sezierungen verwendet wurde, leicht verletzt. Die Wunde entzündete sich, und der Arzt verstarb wenig später an einer Blutvergiftung. Die Krankheit nahm einen ähnlichen Verlauf wie das Kindbettfieber. Somit glaubte Semmelweis, die Ursache für die Erkrankung benennen zu können: Die Medizinstudenten führten täglich klinische Sektionen an den Leichen der Patientinnen durch, die zuvor am Kindbettfieber verstorben waren. Mit ungenügend gewaschenen und nicht desinfizierten Händen untersuchten sie zwischendurch Frauen während der Entbindung und übertrugen dabei infektiöses Material. Die Hebammenschülerinnen an der zweiten Abteilung hingegen kamen nicht mit Leichen in Berührung und führten auch keine vaginalen Untersuchungen durch.

Aufgrund dieser Beobachtungen wies Semmelweis seine Mitarbeiter an, nach Leichensektionen die Hände und Instrumente mit Chlorkalk zu desinfizieren – wie sich herausstellte eine wirkungsvolle Maßnahme, da die Sterblichkeitsrate sehr rasch von 15 auf 3 Prozent sank. Als trotzdem noch einmal zwölf Frauen am Kindbettfieber erkrankten, erkannte er, dass die Ansteckung nicht nur von Leichen, sondern auch von lebenden Personen ausgehen konnte. So verschärfte er die Vorschriften dahingehend, dass die Hände vor jeder Untersuchung zu desinfizieren seien. Dadurch gelang es ihm, 1848 die Sterblichkeitsrate der Gebärenden auf 1,3 Prozent zu senken.

Trotz dieses Erfolgs wurden die Arbeiten von Semmelweis lange Zeit nicht anerkannt. Viele Ärzte wollten noch immer nicht wahrhaben, dass sie selbst die Verursacher jener Krankheit waren, die sie eigentlich heilen wollten. Aufgrund der Anfeindungen und Intrigen verließ Semmelweis Wien in Richtung Pest, wo er 1855 eine Professur für Geburtshilfe an der dortigen Universität annahm. Er erkrankte psychisch und wurde im Juli 1865 ohne Diagnose von drei Ärztekollegen in die Irrenanstalt Döbling bei Wien eingeliefert. Einigen Quellen zufolge soll Semmelweis' Einlieferung ebenfalls auf eine Intrige zurückzuführen gewesen sein. Am 13. August 1865, zwei Wochen nach seiner Einweisung, starb er mit 47 Jahren infolge einer kleinen Verletzung, die er sich bei einem Kampf mit dem Anstaltspersonal zugezogen hatte, an einer Blutvergiftung. Anderen Berichten zufolge soll er auf dem Anstaltshof von Pflegern erschlagen worden sein.

Arkadenhof der Hauptuniversität: Von den insgesamt 153 Büsten und Gedenktafeln sind 53 berühmten Ärzten gewidmet

Treff 2 Altes AKH

Wo jeder Kranke sein eigenes Bett haben sollte.

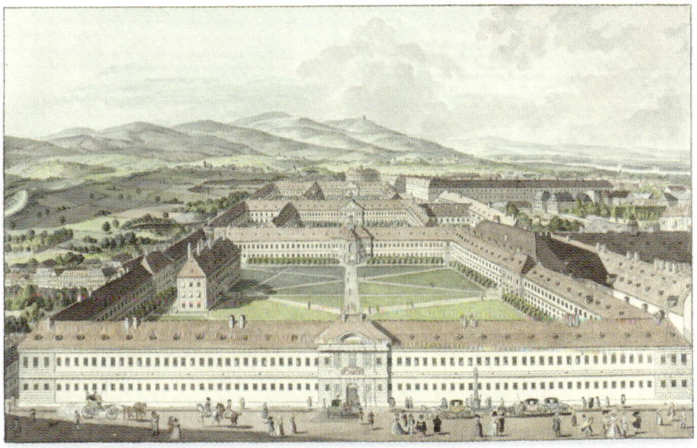

Altes AKH (kolorierter Kupferstich von Joseph und Peter Schaffer, 1784)

„Saluti et solatio aegrorum" (*„Zum Heil und zum Trost der Kranken"*) lautet die Inschrift über dem Portal, wenn man das weitläufige Areal des alten AKH von der Alserstraße aus betritt.

Eröffnet wurde das Spital am 16. August 1784. Es gilt als eines der größten Reformwerke von Joseph II., der aus dem früheren Großarmenkrankenhaus in nur vierjähriger Bauzeit ein Großkrankenhaus mit 2.000 Betten machte – zu einer Zeit, als die meisten anderen Herrscher Europas sich noch Repräsentationstempel, also Schlösser erbauen ließen.

Die Vision von Joseph II. war, dass jeder Kranke ein eigenes Bett bekommen sollte. Dazu inspizierte er bei einem Besuch seiner Schwester Maria Antonia in Paris andere Krankenanstalten, so zum Beispiel die Taubstummenanstalt des Abbé de l'Epée oder das dem heiligen Christophorus gewidmete Spital Hôtel-Dieu.

Über das Konzept des AKH in Wien informierte eine im Eröffnungsjahr publizierte 47-seitige Broschüre. Darin heißt es unter anderem: *„Die Liebe für die allgemeine Menschheit und Mitleiden gegen unglückliche, denen ihre traurigen Umstände Hilfe und Beistand unentbehrlich, aber die Dürftigkeit sich dieselben selbst zu verschaffen unmöglich machen, haben Seine Majestät bewogen, mit Verschonung der öffentlichen Staatseinkünfte, aus ihrem Eigenen die öffentliche Anstalt zu unterstützen, welche unter der Benennung des Hauptspital, das allgemeine Krankenhaus, die Geburtshilfe, das Findlings- und Tollhaus, und verschieden Siechenhäuser vereinbaret …"*

Der Freiburger Internist Adolf Kußmaul schrieb während seines Aufenthalts in Wien 1848/49, in dessen Rahmen er sich bei Carl von Rokitansky, Josef von Škoda, Ferdinand von Hebra und Ignaz Semmelweis über die neuesten Erkenntnisse der „Zweiten Wiener Medizinischen Schule" erkundigte, über das alte AKH: *„Was besagen Pyramiden der Pharaonen, die Kaiserpaläste Roms, oder das Prunkschloss des Sonnenkönigs in Versailles, gemessen an dem Maßstab des Verdienstes um das Menschengeschlecht, gegenüber diesen Bauten Joseph II., Schätzer der Menschheit?"*

An Joseph II. erinnern im 9. Bezirk gleich zwei Denkmäler. Eines davon steht im 2. Hof des alten AKH. Allerdings ist die lebensgroße Statue kein Unikat. Die Gießerei fertigte mehrere Exemplare an, zum Beispiel für die niederösterreichischen Orte Poysdorf, Pressbaum und Ybbs. Das zweite Denkmal befindet sich im Lesesaal des benachbarten Josephinums (siehe auch Seite 117 ff.). Dort lautet die Übersetzung der Inschrift: „Joseph der Zweite, hier der Erste".

(zu Joseph II. siehe auch Seite 88 ff.)

HOF 1

Er ist der größte der insgesamt 13 Höfe des alten AKH. Hier befand sich unter anderem die berühmte II. Universitäts-Augenklinik, die in der 2. Hälfte des 19. Jahrhunderts Weltruf genoss. Einer ihrer wichtigsten Protagonisten war Carl Koller (1857–1944).

Koller arbeitete am Institut für Allgemeine und Experimentelle Pathologie. In Tier- und Selbstversuchen erkannte er, dass einige Tropfen einer Kokainlösung eine Lokalanästhesie am Auge ermöglichen. Damit konnte Patienten nicht nur der Schmerz genommen werden, sondern der Chirurg konnte auch gründlicher operieren. Koller wurde damit der Begründer der modernen Lokalanästhesie in der Augenheilkunde. An Patienten der II. Universitäts-Augenklinik wurde diese Narkose erstmalig angewandt.

Wer heute Hof 1 von der Alserstraße aus betritt, denkt meist nur an den bevorstehenden Abend in einem der vielen Lokale, die sich hier mittlerweile etabliert haben. Kaum jemand aber verschwendet seine Gedanken an die herausragenden Forschungsleistungen, die hier früher stattfanden – die II. Universitäts-Augenklinik ist dafür nur ein Beweis unter vielen.

Dabei muss man nicht einmal genau schauen, um Zeitzeugen der früheren Bestimmung des Areals an allen Ecken zu finden – besonders ins Auge sticht die lebensgroße und zentral gelegene Statue von Theodor Billroth. Er war einer der bedeutendsten Ärzte im 19. Jahrhundert, der besonders wegen seiner gewagten Operationstechniken Berühmtheit erlangte. Nach ihm sind bis heute die Magenoperationen Billroth I und Billroth II benannt.

Billroth, dessen operativen Erfolge nicht zuletzt durch die Einführung der Antisepsis ermöglicht worden waren, war auch ein Förderer des Krankenhaus- und Krankenpflegewesens. Die Gründung des Rudolfinerhauses 1882, einem Spital im 19. Bezirk mit Krankenpflegeschule und von Kronprinz Rudolf und Johann Nepomuk Graf Wilczek finanziell unterstützt, war die logische Folge seines diesbezüglichen Wirkens. 1883 wurde er zum Mitglied der Königlich Schwedischen Akademie der Wissenschaften und 1888 zum Mitglied der Gelehrtenakademie Leopoldina gewählt.

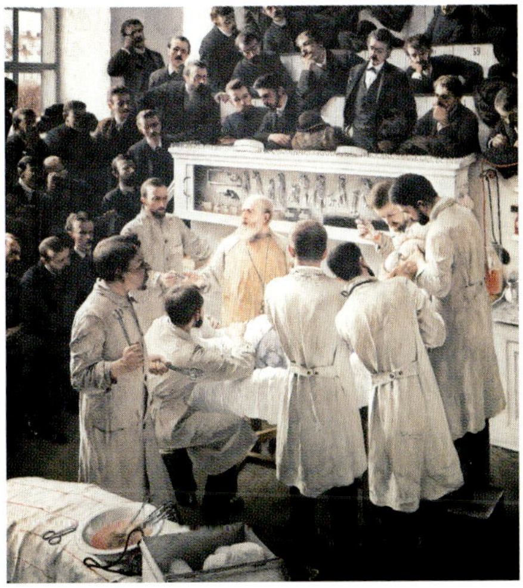

Theodor Billroth:
Wenn er vortrug, war der Hörsaal voll
(Gemälde von Adalbert Franz Seligmann, 1888/1890)

Was ihn als Lehrer so besonders hervorhob: Er sprach auch über Misserfolge und führte damit ein völlig neues Lehrkonzept in den Unterricht ein. Als Prüfer war der Chirurg immer freundlich. Eine der Billroth-Anekdoten erzählt, dass er Studenten ein inneres Organ zur Bestimmung vorlegte. Die Antwort eines ungarisch sprechenden Studenten lautete: *„Das ist das Läbba.“* Daraufhin soll Billroth geantwortet haben: *„Erstens heißt es nicht Läbba, sondern Leber, zweitens ist es nicht das, sondern die Leber. Und drittens ist es eine Milz.“*

Eine weitere Anekdote erzählt, dass er auch mit seinen Patienten Humor bewies. Einer von ihnen war ein Hypochonder: Er hatte alle medizinischen Zeitschriften abonniert und besaß eine ganze Bibliothek an medizinischen Büchern. Wegen jeder Kleinigkeit rief er Billroth zu sich. Als dieser ihn wieder einmal bei einer Visite in seinen Büchern blätternd vorfand, warnte ihn der Arzt: *„Geben Sie Acht, mein Lieber, Sie werden noch an einem Druckfehler sterben."*

Billroth war alles andere als ein trockener Wissenschafter, man schätzte den großen Arzt auch als überaus geselligen Mann und genialen Musiker. Johannes Brahms, einer seiner engsten Freunde, widmete ihm ein Streichquartett, und Billroth komponierte auch selbst. In seinem Salon standen immer zwei Klaviere, und die Konzertabende in seinem Haus in der Alser Straße waren legendär. Als man dem auf der Insel Rügen geborenen Arzt einen Lehrstuhl für Chirurgie in Berlin anbot, lehnte er ab, weil ihm *„das künstlerische Leben in Wien viel zu lieb geworden"* war.

Ähnlich wie bei Tandler (siehe auch Seite 52 f.), gab es aber auch bei Billroth Seiten, die aus heutiger Sicht kritisch gesehen werden müssen. So publizierte Billroth im Jahr 1875 das Buch *„Über das Lehren und Lernen der medicinischen Wissenschaften an den Universitäten der Deutschen Nation"* mit seitenlangen antisemitischen Polemiken gegen jüdische Studierende aus Galizien und Ungarn und schloss daraus, *„... dass ich innerlich trotz aller Reflexion und individueller Sympathie die Kluft zwischen rein deutschem und rein jüdischem Blut heute noch so tief empfinde ..."*

Begraben ist Billroth in einem Ehrengrab am Wiener Zentralfriedhof (siehe auch Seite 142 f.).

HOF 7

Gehen Sie von Hof 7 zur Rotenhausgasse, so durchschreiten Sie das sogenannte „Holzknecht-Tor". Es erinnert an einen Pionier der Radiologie: Guido Holzknecht (1872–1931). Der Röntgenologe studierte in Wien, Straßburg

Wo sich heute das Holzknecht-Tor befindet, stand bis 1845 das „Schwangerenthor"

und Königsberg, wo er bereits als Student die Entdeckung der Röntgenstrahlen miterlebte. Nach seiner Rückkehr nach Wien wurde er Assistenzarzt bei Hermann Nothnagel und setzte sich an seiner Abteilung umfassend mit der Röntgentechnik auseinander.

Holzknecht konstruierte in diesem Zusammenhang das Chromoradiometer, da er erkannte, dass die Schädigung der Haut von der verabreichten Strahlendosis abhängt. Mit dem Gerät war es möglich, die Menge der abgegebenen Strahlung zu bestimmen, womit die Strahlenschäden an seiner Abteilung um fast 90 Prozent reduziert werden konnten.

Trotzdem wurde Holzknecht letztlich Opfer seines Berufs: Wie viele andere Persönlichkeiten der ersten Röntgenära starb er an den Folgen eines Strahlenschadens. Sein persönlicher Leidensweg begann 1910 mit der Amputation eines Fingers, zahlreiche Operationen an Händen und Armen folgten. Diese Behandlungen nahm er mit unglaublicher Disziplin hin. Eigens angefertigte Armprothesen ermöglichten ihm weitere Entwicklungsarbeiten. Nach jahrzehntelangem Leiden und um die 60 Operationen starb Holzknecht 1931 an den Folgen der übermäßigen Strahlenaussetzung.

Noch aus einem anderen Grund ist das Holzknecht-Tor erwähnenswert. Denn exakt an dieser Stelle befand sich zwischen 1784 und 1845 der Eingang zum Gebärhaus, das man damals durch das sogenannte „Schwangerenthor" betrat. An das Gebärhaus angeschlossen war das Wiener Findelhaus. Beide Einrichtungen wurden von Joseph II. 1784 gegründet und bestanden bis 1910.

In den Direktivregeln formulierte der Kaiser seine Argumente für die Gründung des Wiener Findelhauses, nämlich die *„Erhaltung der Menschheit"*. Das Überleben vieler Kinder war außerdem wichtig zur Stärkung der Wirtschaft, die immer mehr Arbeitskräfte benötigte. Darüber hinaus wurden junge Männer natürlich auch für die Armee benötigt. Erklärtes Ziel von Joseph II. war der Schutz der Neugeborenen vor Kindsmord und Kindsweglegungen unverheirateter Frauen sowie der gleichzeitige Schutz von Mutter und Kind durch eine Geburt unter medizinischer Aufsicht.

Somit wurde diese Abteilung im AKH von einer Reihe von Maßnahmen begleitet, die das Überleben der Neugeborenen sichern sollte. Man propagierte das Selbststillen, Impfungen sowie eine Verbesserung der Ärzte- und Hebammenausbildung. Zur selben Zeit entstanden zudem neue Gesetze, die beispielsweise über nicht verheiratete Eltern keine Geld- und Schandstrafen mehr verhängten. Juristen befassten sich mit der ungleichen Stellung unehelicher Kinder und der Diskriminierung der sogenannten „gefallenen Frauen". 1786 erfolgte sogar eine rechtliche Gleichstellung unehelicher mit ehelichen Kindern, die aber einige Jahre später wieder zurückgenommen wurde.

Gegen Bezahlung eines festgelegten Betrags durfte man besondere Dienste des Gebärhauses in Anspruch nehmen: Die Frauen konnten das Krankenhaus durch das „Schwangerenthor" diskret betreten und auch wieder verlassen. Sie wurden auch besser untergebracht und konnten ihr Neugeborenes im Findelhaus zurücklassen, ohne nach ihrem Namen gefragt zu werden. Für den Fall ihres Todes im Verlauf der Geburt hatten die Frauen in einem versiegelten Umschlag ihren Namen zu hinterlegen, um den Verantwortlichen des Hauses die Möglichkeit zu geben, die Familien zu verständigen.

Im 19. Jahrhundert sank allerdings die Zahl der Frauen, die sich diese totale Anonymität leisten konnten. Beispielsweise musste man 1868 dafür 205 Gulden, nach heutigem Wert in etwa 4.200 Euro, bezahlen, was für viele Frauen völlig unmöglich war.

Alle anderen Frauen mussten dem Gebär- und Findelhaus ihre persönlichen Daten bekanntgeben, die allerdings nicht weitergegeben werden durften. Die Unterbringung erfolgte in den damals üblichen großen Schlafsälen und man erwartete von den Frauen, dass sie sich für die Ausbildung von Geburtshelfern und Hebammen – das Gebärhaus war ja gleichzeitig eine Klinik der Wiener Universität – und später dem Findelhaus als Ammen zur Verfügung stellten.

Nach der Gründung des Kaisertums Österreich im Jahr 1804 wurde an Plänen gearbeitet, das Gebär- und Findelhaus aus dem AKH auszugliedern. 1819 kam es dann auch in den Zuständigkeitsbereich der Hofkanzlei. Da das Gebärhaus aber eben auch eine medizinische Ausbildungsstätte der Wiener Universität war, war es außerdem dem Unterrichtsministerium unterstellt. 1852 erfolgte die neuerliche Unterstellung unter die k.k. Niederösterreichische Statthalterei.

Die Ausgliederungen waren eine Sache, die Finanzierung war eine andere. Ab 1864 wurde die genaue Herkunft der Schwangeren erhoben, um in deren

Heimatländern die entstandenen Aufenthaltskosten für die Frauen einheben zu können. Die im Findelhaus zurückgelassenen Kinder wurden der Heimatgemeinde der Mutter zur weiteren Versorgung übergeben.

Eine 1870 erfolgte Änderung des Findelhausstatuts beendete auch für jene Frauen, die sich bislang die Anonymität einer Kindsgeburt quasi erkaufen konnten, die völlige Diskretion. Diese galt nun nur noch für die Dauer der Findelpflege. Nur wenn das Kind starb, wurde der Umstand der unehelichen Geburt weiterhin diskret behandelt. 1910 wurde das Findel- und Gebärhaus geschlossen und durch das neu errichtete Niederösterreichische Landes-Zentralkinderheim ersetzt.

HOF 6

In dem an Hof 7 anschließenden Hof 6 des alten AKH befindet sich im ehemaligen „Narrenturm" seit 1971 die Pathologisch-anatomische Sammlung mit ungefähr 50.000 Exponaten. Seine ursprüngliche Bestimmung aber war die Unterbringung psychisch Erkrankter, der er auch seinen Namen im Volksmund verdankte.

Auf den heutigen Besucher mag der Bau abschreckend und menschenverachtend wirken. Für das Ende des 18. Jahrhunderts jedoch war es ein fortschrittlicher Bau, denn normalerweise sperrte man die „Irren" und „Wahnwitzigen" ins Gefängnis und ließ sie dort verkommen, oder man deportierte sie in manchen Ländern beispielsweise auf unbesiedelte Inseln.

Geplant und errichtet wurde der Narrenturm 1784 vom Architekten Josef Ignaz Gerl (1734–1798), der aus einer bekannten österreichischen Baumeisterfamilie stammte. Seine Projekte waren stilistisch außergewöhnlich und der josephinischen Architekturidee verpflichtet, die sich durch eine nüchterne Strenge auszeichnete. Die Fassaden verloren jegliche Dekorelemente und man setzte vielmehr auf plattenartige Erhöhungen oder Putzflächen.

Der fünfstöckige, festungsähnliche Rundbau umfasst 139 Einzelzellen mit

Der Narrenturm

schlitzartigen vergitterten Fenstern. Jede Zelle hatte starke Gittertüren und Ringe zur Ankettung unbändiger Insassen. 1789, also wenige Jahre nach der Eröffnung, inspizierte ein Reisender auch diese „Sehenswürdigkeit" im Rahmen seines Wienbesuchs: *„Ein großer Theil der Unglücklichen, hier Eingesperrten, sind Soldaten. Viele sind nicht in die Behältnisse eingekerkert, sondern sitzen und laufen in den Gängen umher. Manche liegen an Ketten in ihren Kerkern, und sind an die Wände angeschlossen."*

Von seiner Rundform leitet sich die in Wien übliche umgangssprachliche Bezeichnung „Gugelhupf" für Irrenhäuser beziehungsweise psychiatrische Kliniken ab.

Joseph II. hatte als Freimaurer ein großes Interesse daran, dieses Projekt durchzuführen. Er finanzierte den Bau mit seinem Privatgeld und brachte sich auch in die Planung stark ein. Seine Vorliebe für den Okkultismus zeigt sich hier ebenso wie das Geheimwissen und die Symbolik der Geheimbünde. Zu erkennen ist das beispielsweise anhand der fünf Stockwerke – angeblich gibt es bei den Rosenkreuzern fünf Stufen zur Erleuchtung – sowie den 28 Zellen pro Stockwerk – 28 bedeutet in der jüdischen Kabbala „Gott, der die Kranken heilt". In der arabischen Tradition ist 66 die Zahl Gottes – der Umfang des Gebäudes umfasst 66 Klafter.

Der Narrenturm war, wie bereits erwähnt, für das Ende des 18. Jahrhunderts fortschrittlich, dennoch veränderte sich die Sicht auf die Irrenfürsorge innerhalb einer Generation dramatisch. 1822 wurden daher Flächen um das sogenannte „Brünnlfeld" angekauft, ein Areal zwischen dem Krankenhaus und dem Linienwall, heute Lazarettgasse 14, um eine zeitgemäße Anstalt zu errichten. Ab 1853 wurden in der NÖ Landesirrenanstalt am Brünnlfeld Kranke aufgenommen (siehe auch Seite 125). Als um 1900 auch diese Anstalt zu klein wurde – Wien war inzwischen auf 2,2 Millionen Einwohner angewachsen –, entschloss man sich für einen weiteren Neubau. Das Areal sollte groß und im Pavillonsystem angeordnet sein. Und alle bereits geplanten Objekte für das Brünnlfeld, wie Gesellschaftshaus und Theater, sollten auf einem 144 Hektar großen Grundstück realisiert werden: die NÖ Landesheilanstalt für Nervenkranke auf der Baumgartner Höhe im 14. Bezirk. Mit ihren 2.200 Betten galt sie damals als die größte und modernste diesbezügliche Anstalt in Europa. Architektonischer Höhepunkt des Spitals ist die zwischen 1904 und 1907 von Otto Wagner erbaute Anstaltskirche „Am Steinhof". Im modernsten Jugendstil berücksichtigte Wagner dabei die Bedürfnisse der Patienten und des Pflegepersonals. Jedes Detail wurde nach Nützlichkeit und Funktionalität konzipiert. Die gesamte Ikonographie steht im Zusammenhang mit der Heilung und der Tröstung des Erkrankten und der Bewusstseinsbildung der Verantwortung für die Gesunden.

Ebenfalls im Hof 6 befindet sich das Denkmal „Marpe Lanefesch" (hebräisch: „Heilung für die Seele"). Es wurde 2005 eröffnet. Die Künstlerin Mina Antova gestaltete das zerstörte ehemalige jüdische Bethaus neu, das 1903 von Max Fleischer errichtet worden war.

Gedenkstätte Marpe Lanefesch

Um 1900 waren 10 Prozent der Bevölkerung in Wien jüdisch. Aufgrund des Staatsgrundgesetzes von 1867 – freie Wahl des Wohnorts für alle Bürger, unabhängig von Geschlecht, Religion, Stand und Einkommen – suchten viele ihr Glück in Wien, so auch viele Juden aus den Kronländern. Jüdischen Kindern war es nun möglich, Universitäten zu besuchen. Viele von ihnen studierten Medizin und wurden Ärztinnen und Ärzte. Als nach dem Anschluss von 1938 die Nürnberger Rassengesetze auch in Österreich zur Anwendung kamen und Juden wieder alle ihre Bürgerrechte verloren, hatte Wien Probleme mit der medizinischen Versorgung. Jüdische Ärztinnen und Ärzte verloren ihre Zulassung, womit etwa die Hälfte der Ärzteschaft für Behandlungen ausfiel. Den Aderlass, den der Rassenwahn der Nationalsozialisten in Wien hinterließ, kann man auch daran erkennen, dass 173 Professoren und Assistenten an der Medizinischen Fakultät entlassen und 23 Prozent der Studierenden vom Studium ausgeschlossen wurden.

Heute ist der Platz des ehemaligen jüdischen Gebetshauses eine Stätte des Gedenkens und Bedenkens der Universität.

TOUR 4

KOKAIN UND INZUCHT

Berühmte Ärzte, Schönheitswahn, Melancholie, Epilepsie: Ein Ausflug in die Geschichte der Habsburger ist immer auch eine Erkundung ihrer Krankheiten.

- Die Großmutter mütterlicherseits sowie der Großvater väterlicherseits waren Geschwister von denselben Eltern. Die erste Ehe ging er mit der eigenen Nichte sowie Cousine ein. Die Ehefrauen Nummer zwei und drei waren dann „nur mehr" Cousinen zweiten Grades.
- Seine Großeltern waren gleichzeitig die Eltern und die Großeltern seiner Eltern. Er hatte anstatt 16 Großeltern nur zwölf, und fünf davon waren Habsburger.
- Er heiratete in zweiter Ehe seine Cousine ersten Grades, in dritter Ehe wiederum eine Cousine zweiten Grades, und seine vierte Ehefrau wurde später sowohl die Tante des späteren Kaisers Franz Joseph als auch seine Großmutter, wenn auch nur durch Heirat.

Sie haben es schon erraten, um welche Persönlichkeiten es sich handelt?

Hier die Auflösung:

- Leopold I., geboren am 9. Juni 1640 in Wien, gestorben am 5. Mai 1705 ebenda, war von 1658 bis 1705 Kaiser des Heiligen Römischen Reiches sowie König von Ungarn. Böhmen, Kroatien und Slawonien.
- Karl II., spanisch Carlos II., geboren am 6. November 1661 in Madrid, gestorben am 1. November 1700 ebenda, war ein Angehöriger der spanischen Linie des Hauses Habsburg. Er war von 1665 bis zu seinem Tod König von Spanien.
- Franz Joseph Karl, geboren am 12. Februar 1768 in Florenz, gestorben am 2. März 1835 in Wien, war von 1792 bis 1806 als Franz II. der letzte Kaiser des Heiligen Römischen Reiches Deutscher Nationen. 1804 begründete er das Kaisertum Österreich, das er als Franz I. bis zu seinem Tod regierte.

Karl II., spanisch Carlos II.
(Gemälde von Juan de Miranda Carreño, 1685)

„Bella gerant alii, tu felix Austria nube." – *„Kriege führen mögen andere, du, glückliches Österreich, heirate."* Dieser berühmte Spruch wird gerne zitiert, wenn der Aufstieg der Habsburger durch ihre erfolgreiche Heiratspolitik charakterisiert werden soll. Und nicht selten sahen sich die Habsburger bei ihren Brautschauen mangels anderer potenzieller Kandidaten in der eigenen Familie um. „Ein Untersuchungslabor für Inzest" hat science.orf.at einmal einen einschlägigen Bericht sehr treffend übertitelt.

Die dramatischen Folgen: Die Habsburger verzeichneten nicht nur eine hohe Kinder- und Säuglingssterblichkeit, sondern auch schwere Behinderungen bei jenen, die überlebten. So starb zum Beispiel die spanische Linie der Habsburger mit oben genanntem Karl II., der den wenig schmeichelhaften Beinamen „Der Verhexte" erhielt, im Jahr 1700 gänzlich aus. Aufgrund seiner deutlich sichtbaren Anzeichen einer körperlichen und geistigen Degeneration war er zum Schluss faktisch regierungsunfähig.

Ein Rundgang durch Wien unter dem Blickwinkel der Habsburger ist immer auch eine Spurensuche nach ihren Krankheiten. Berühmte Ärzte und Rezepte für „merkwürdige" Medikamente begleiten einen dabei ebenso wie Ernährungsgewohnheiten, Schönheitswahn, Kokainsucht sowie die „Hauskrankheit" der Habsburger, die Epilepsie.

Der wohl berühmteste Arzt im Umkreis der Habsburger war Gerard van Swieten, der Begründer der sogenannten „Ersten Wiener Medizinischen Schule" und Leibarzt von Kaiserin Maria Theresia. Sie dürften ein sehr vertrautes Verhältnis zueinander gehabt haben, und van Swieten hatte durchaus die Möglichkeit, sehr offen, wenn auch ein wenig verklausuliert, mit seiner Kaiserin zu kommunizieren, wie folgende Anekdote belegt: Ihr Leben lang liebte

Maria Theresia gutes Essen, und nach dem Tod ihres geliebten Franz Stephan aß sie maßlos. Van Swieten stand nun vor dem Problem, Maria Theresia klarzumachen, dass sie dringend weniger essen und trinken sollte, konnte ihr das aber natürlich nicht so unverblümt sagen. Zarte Andeutungen fruchteten aber auch nichts. Also ließ er sich Folgendes einfallen: Bei einem mehrgängigen Essen, das er neben Maria Theresia einnahm, ließ er neben seinen Platz einen Kübel stellen. Von jedem Gang, der serviert wurde, nahm er die gleiche Portion, wie sie sich Maria Theresia auf ihren Teller legte, und warf sie in den Kübel. Endlich, beim Dessert, war Maria Theresia zu neugierig und fragte ihn, was das solle. Darauf antwortete van Swieten ungerührt: *„Majestät, so wie in diesem Kübel sieht es nun im Magen Ihrer Majestät aus!"*

Treff 1 Maria-Theresien-Platz

Die Leichenschändung unter dem Deckmantel der Vampiraustreiberei wird verboten.

Insgesamt acht Männer sind es, die als Statuen beziehungsweise Reiterstandbilder tief unterhalb der Kaiserin, so wie es sich gehört, ihren Platz eingenommen haben: Wenzel Anton Kaunitz, Friedrich Wilhelm von Haugwitz, Josef Wenzel I. von Lichtenstein, Leopold Joseph von Daun, Ludwig Andreas von Khevenhüller, Gideon Ernst von Laudon, Otto Ferdinand von Abensperg und Traun – und: der Leibarzt von Maria Theresia, Gerard van Swieten.

Van Swieten galt als einer „der gelehrtesten Männer von Wien" und begründete den hervorragenden Ruf der Wiener Medizinischen Schule. Maria Theresia berief den Holländer 1745 als Leibarzt des Herrscherhauses von Leyden – damals eine der besten Universitäten Europas – nach Wien. Hier reorganisierte van Swieten das Medizinstudium, führte den klinischen Unterricht – *„Weg vom Buch, hin zum Bett"* – in die Ausbildung der Ärzte ein, gründete 1755 die neue Universität – heute Akademie der Wissenschaften, Dr.-Ignaz-Seipel-Platz 2 – und reformierte, in seinem Bereich autoritär wie Maria Theresia, das damals doch recht verwahrloste österreichische Gesundheitswesen.

Van Swieten starb am 18. Juni 1772 in Schönbrunn. Medaillen und Münzen mit seinem Antlitz wurden und werden geprägt, Straßen, Kongresse, medizinische Gesellschaften und eine Gattung des Mahagonibaums nach ihm benannt und ihm zu Ehren auch zahlreiche Denkmäler errichtet.

Das ist allgemein bekannt. Weniger bekannt hingegen dürfte sein, dass sich van Swieten auch mit Vampiren befasst hat und ihm der irische Schriftsteller Abraham „Bram" Stoker im Jahr 1897 möglicherweise sogar ein literarisches Denkmal setzte. Einige Forscher nehmen nämlich inzwischen an, dass van Swieten Vorbild für Abraham van Helsing, den Vampirjäger und Erzfeind des blutsaugenden Grafen Dracula in Stokers gleichnamigem Roman sein könnte. Es mag vieles in diesem weltberühmten Lehrbuch für Vampirjäger der reichen Phantasie des Autors entsprungen sein, van Swieten als Vorbild für den naturwissenschaftlich denkenden Jäger des Blutsaugers ist aber ganz und gar nicht so abwegig, wie es auf den ersten Blick scheinen mag.

Vampire hatten für die Menschen des 18. Jahrhunderts mit dem faszinierenden, bleichen Grafen mit den meist guten Manieren, den spitzen Zähnen und dem schwarzen Cape nichts zu tun. Auch nächtliche Blutorgien mit – zumindest bis zum Biss – unschuldigen Jungfrauen und kaum versteckter Erotik und Sexualität waren nicht wirklich ihr Problem. Für die damalige Bevölkerung waren Wiedergänger, schmatzende Tote, Nachzehrer, Untote oder eben Vampire die Verursacher unerklärlicher Todesfälle und gefährliche

Maria-Theresien-Platz (links: Kunsthistorisches Museum)

Verbreiter von Seuchen und Krankheiten.

Knoblauch zur Abwehr schien den mit der *„Magia posthuma"*, der *„Zauberey der Abgestorbenen"* behafteten Leichen damals recht gleichgültig gewesen zu sein. Da mussten schon handfestere Maßnahmen gesetzt werden, um den Blutsaugern den Garaus zu machen. Nur einen Pfahl durch das Herz bohren, den Kopf abschlagen oder den Leichnam verbrennen konnte die gestrafte Dorfgemeinschaft von solch einem *„Vampyr"* erlösen, am besten alles zusammen.

Der erste „amtlich" nach Wien gemeldete Übergriff eines Vampirs ereignete sich 1725 im heutigen Serbien, damals Grenzgebiet zwischen der Habsburgermonarchie und dem osmanischen Reich, also im Bereich der sogenannten Militärgrenze. Kurz nach dem Tod des Peter Plogojowitz in Kislova starben neun Menschen nach kurzer Krankheit aus unerklärlichen Gründen. Nach Angaben der Dorfbewohner hatte Plogojowitz alle Opfer zuvor in der Nacht überfallen und gewürgt. Für die Menschen war die Sache damit klar: Plogojowitz war ein Untoter und folglich als Blutsauger unterwegs. Der Begriff *Vampir* kam in dem Bericht über diesen Vorfall überhaupt erstmals im deutschsprachigen Raum vor und geht möglicherweise auf ein Missverständnis zurück, da der österreichische Beamte, der über den Vorfall berichtete und der örtlichen Sprache nicht mächtig war, aus „irgendeinem Grebabbel" das Wort *Vampir* herauszuhören vermeinte.

Der zweite aktenkundige Fall ereignete sich im Winter 1731/32 in der Ortschaft Medwegya, ebenfalls nahe der türkischen Grenze. Hier starben 13 Menschen in sechs Wochen, nachts und im Schlaf. Der österreichische Amtsarzt, der zur Klärung des Falls in das

Abhandlung
des Daseyns
der
Gespenster,
nebst einem Anhange
vom
Vampyrismus.

Gedruckt zu Augsburg, 1768.

Titelblatt von Gerard van Swietens Vampirismusabhandlung

Dorf geschickt wurde, konnte aber keine Anzeichen einer Seuche entdecken. Für die Bewohner des Dorfes war auch hier die Ursache klar: Vampire, was sonst. Der Fall wurde von zahlreichen Gelehrten in entsprechenden Schriften aus dem Blickwinkel der Aufklärung diskutiert, und man versuchte, den Vampir mit teilweise abenteuerlichen wissenschaftlichen Erklärungsmodellen wie etwa einen Astralleib so heftig wie vergeblich zu entzaubern.

Als dann 1755 Berichte einer wahren Epidemie von Vampirismus aus dem Bistum Olmütz – unter 30 verdächtigen Leichen wurden 19 Erwachsene und ein Kind als *„Vampyr"* identifiziert – den Wiener Hof erreichten und sich auch noch der Preußenkönig Friedrich II. über den Aberglauben im offenbar rückständigen katholischen Habsburgerreich ausließ, reagierte Maria Theresia. Sie schickte einen Leibarzt der Armee und einen Anatomen nach Olmütz, um die in der Zwischenzeit durchgeführten Vampirhinrichtungen genauestens zu untersuchen. Van Swieten beauftragte sie, die Berichte zu kommentieren und entsprechende Maßnahmen zu empfehlen. Der Leibarzt der Kaiserin kam zum Schluss, dass die unerwartet langsame Verwesung der Leichen auf natürliche Ursachen wie Temperatur, Bodenbeschaffenheit und Krankheit der Verstorbenen sowie das *„vermeintliche Drucken"* in der Brust der Dorfbewohner eher auf eine Brustkrankheit als auf Vampire zurückzuführen sei. Er verurteilte auch heftigst den Aberglauben der lokalen Behörden und die Unwissenheit der Ärzte vor Ort. Der zunächst nur handschriftlich und in französischer Sprache verfasste Kommentar von Swietens wurde übrigens erst 1768 in deutscher Sprache publiziert.

Maria Theresia folgte den Empfehlungen van Swietens und verbot im sogenannten *„Vampir-Erlass"* vom 1. März 1755 die Leichenschändung unter dem Deckmantel der Vampiraustreiberei. Ab diesem Zeitpunkt gab es im Habsburgerreich – zumindest offiziell – keine Vampire mehr.

In seiner Abhandlung über *„Vampyrismus"* kommentierte van Swieten aber nirgends die in allen Berichten gemachte Feststellung, dass nach einer – zugegeben recht grauslichen – *„Lege-artis"*-Tötung des Vampirs die unerklärlichen Todesfälle und der Spuk sofort beendet waren. Logen alle diese Berichte? Oder hatte van Swieten hier etwas übersehen?

Treff 2 Heldenplatz

Ein Glückspilz der Geschichte blickt der Epilepsie ins Auge.

Als die beiden Reiterdenkmäler von Erzherzog Karl (1860) und Prinz Eugen (1865) enthüllt wurden, hieß der heutige Heldenplatz noch volkstümlich Promenadeplatz und offiziell Neuer Paradeplatz. Entstanden war die Freifläche 1819 durch den Abriss von Teilen der Stadtbefestigung, darunter die Burgbastei. Erst 1878 findet sich die offizielle Bezeichnung Heldenplatz.

Heute kennen wir Prinz Eugen als großen Feldherren der österreichischen Geschichte, Erbauer des Belvederes, Sammler und Kunstmäzen. Seine unzähligen Kriegs- und Schlachteneinsätze hatten auch einige Verwundungen mit sich gebracht – wobei man Prinz Eugen wahrscheinlich als einen der größten Glückspilze der Weltgeschichte bezeichnen kann. Obwohl er immer an vorderster Front gekämpft hatte und etliche Male verwundet wurde, wurde er nur ein einziges Mal wirklich schwer verletzt: Eine Musketenkugel hatte sein Bein getroffen. Die Wunde fesselte ihn für einige Monate ans Bett, und wahrscheinlich war es nur seiner damaligen Jugend zu verdanken, dass er überlebte. In einer weiteren Schlacht erlitt er

Reiterdenkmäler von Prinz Eugen und Erzherzog Karl (großes Bild)

einen Streifschuss am Hals. Trotz der Verletzung kämpfte er bis zum Ende weiter und ließ sich nicht davon beirren.

Das größte Glück hatte er wohl bei der Verwundung durch eine Kugel am Kopf. Sie drang über dem linken Auge bis zur Hirnschale vor, glitt an dieser aber ab und drang somit nicht ins Innere des Schädels ein. Somit handelte es sich eher um eine „Fleischwunde". Auch hier, so wird überliefert, soll Prinz Eugen zunächst zu Boden gestürzt, aber bereits nach wenigen Augenblicken wieder aufgestanden sein, um weiterzukämpfen. Nur mit Mühe konnten seine Kameraden ihn zum Verlassen des Schlachtfeldes überreden.

Eine sehr alte, bereits von den alten Ägyptern verwendete Methode zur Wundversorgung war die sogenannte „Ameisennaht". Sie wurde auch zu Lebzeiten Prinz Eugens praktiziert und überdauerte im tropischen Waldland Afrikas bis in die heutige Zeit. Wichtigstes Instrument dabei ist in Afrika die große schwarze bengalische Ameise, hierzulande griff man auf die heimischen kleineren Exemplare zurück. Die Methode ist denkbar einfach: Die Köpfe der Ameisen mit ihren großen Zangen werden auf die beiden Wundränder angesetzt, danach wird abgewartet, bis die Tiere zubeißen. Somit verschließen die Ameisen mit ihren Köpfen und den Zangen die Wunde wie eine Klammer. Anschließend werden die Körper der Ameisen von den Köpfen abgedreht. Die dabei frei werdende Ameisensäure wirkt antibakteriell und gerinnungsfördernd.

Von Erzherzog Karl sind keine nennenswerten Verwundungen im Kriegseinsatz bekannt – was daran gelegen haben dürfte, dass Karl, ganz im Gegensatz zu Prinz Eugen, wohl eher aus der zweiten Reihe Krieg führte. Militärisch bekannt wurde er vor allem durch die siegreiche Schlacht bei Aspern gegen die Truppen Napoleons am 21./22. Mai 1809.

Dafür litt Karl seit seiner Geburt an der habsburgischen Familienkrankheit, der Epilepsie. Aufgrund der psychischen und körperlichen Beeinträchtigungen war er daher ursprünglich für die geistliche Laufbahn vorgesehen. 1803/04 kam dann noch eine ausgeprägte Depression dazu. Zwar legten sich die depressiven Schübe nach ungefähr zwei Jahren, und auch die Epilepsie beruhigte sich mit der Zeit. Doch soll er auch während der Schlacht von Aspern einen epileptischen Anfall erlitten haben.

Karl war mit Henriette von Nassau-Weilburg verheiratet. Ihr verdankten die Wiener den Weihnachtsbaum, den sie, als Protestantin, mit nach Wien brachte. Sie starb bereits im Alter von 32 Jahren an Scharlach, nachdem sie sich bei ihren Kindern angesteckt hatte. Sie wurde als einzige Protestantin in der Kapuzinergruft beigesetzt.

Karl folgte seiner Frau erst viele Jahre später. Er verstarb mit 76 Jahren an einer Rippenfellentzündung.

Dem U-Bahnbau verdanken wir einige Erkenntnisse über die Krankheiten früherer Zeiten. Arbeiter fanden beim Bau der U2 zahlreiche Skelette aus der Zeit der napoleonischen Kriege. Das Ergebnis der bioarchäologischen Untersuchungen an den Toten: Viele Menschen litten damals an Tuberkulose, Abszessen im Mundraum, schlechten Zähnen und entsprechend dem Alter sehr abgenützten Gelenken, wahrscheinlich durch Überbelastung.

Es lohnt, vom Heldenplatz noch einige wenige Schritte Richtung Zentrum zu gehen, also durch das Tor rechts vom Leopoldinischen Trakt. Nach nur wenigen Minuten erreicht man den Inneren Burghof mit dem Denkmal für Kaiser Franz I. (II.) in der Mitte. Wo sich heute Touristen tummeln und ein Café auf Gäste wartet, befand sich früher ein Turnierplatz – neben den allgegenwärtigen Kriegen und der Jagd eine weitere gute Gelegenheit für Männer der früheren Zeit, Verletzungen zu erleiden.

Alles drei, nämlich Schlachten führen, Jagen und Turniere bestreiten, war eine Leidenschaft von Maximilian I., die sich wie ein roter Faden durch sein Leben zog: Der Sohn von Kaiser Friedrich III. (A.E.I.O.U. – *„Alles Erdreich ist Österreich untertan")* führte in ungefähr 40 Jahren 25 Feldzüge. Die wichtigsten drehten sich um den Erhalt des Herzogtums Burgund. Maximilian heiratete nach dem Tod Karl des Kühnen dessen Tochter Maria. Somit gelang es ihm, sich Burgund zu sichern, musste die wirtschaftlich lukrative Neuerwerbung aber immer wieder verteidigen.

Maximilian war zudem ein leidenschaftlicher Jäger. Dabei griff er gerne auf die Armbrust als Waffe zurück, da er neuere Schusswaffen ablehnte. Und er liebte die alten Traditionen und Werte, wie Minnedienst, Ehre, Treue ... und eben Turniere. Nicht umsonst hatte er den Beinamen „der letzte Ritter".

Turniere gab es ab dem 11. Jahrhundert, und zwar zunächst nur in Nordfrankreich. Das adelige Kampfspiel mit scharfen Waffen erfreute sich dann aber sehr schnell in ganz Europa großer Beliebtheit. Turniere waren Großveranstaltungen, zu denen öffentlich geladen wurde. Meist wurden sie als Begleitprogramm von Hoftagen, Fürstentreffen oder Festen organisiert. Der Veranstalter konnte so seine wirtschaftliche, gesellschaftliche und politische Stellung zur Schau stellen.

Maximilian gehörte zu den besten Turnierrittern seiner Zeit. Sehr häufig gab es dabei Tote und Schwerverletzte, da die Ritter beim Lanzenstechen mit rund 60 km/h aufeinanderprallten. „Erste Hilfe" kam von den Badern. Auch Amputationen gehörten zu ihrer Handwerkskunst – sie senkten jedoch nicht unbedingt die Todesrate.

Die größte Gefahr war der Sturz vom Pferd: Der Helm brach dem Stürzenden sehr oft das Genick. Weit weniger „sexy" war allerdings eine andere Möglichkeit, zu Tode zu kommen, nämlich der Hitzschlag. Turniere fanden meist in den Sommermonaten statt, und da konnte es unter der Rüstung doch schon sehr heiß und stickig werden.

Einer Verletzung, die er sich möglicherweise bei einem Turnier zugezogen hat, verdankt der ungarische Adelige Gregor Baci (ungarisch: Gergely Paksy) seine (bescheidene) Bekanntheit. Dessen Geschichte ist durch ein Portrait überliefert, das heute in Schloss Ambras bei Innsbruck hängt. Darauf ist zu erkennen, dass eine Lanze das rechte Auge durchstieß und in der Nackengegend wieder austrat. Die Lanze wurde gekürzt und Baci überlebte das Ganze noch um ein Jahr. *„Die Waffe ist durch*

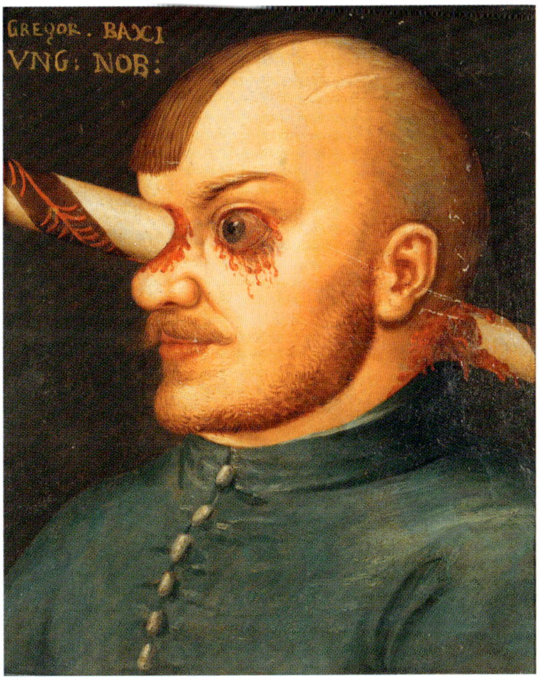

Gregor Baci
(Gemälde eines unbekannten Malers, 16. Jh.)

die Augenhöhle in den Kopf eingedrungen und hat sich den Weg des geringsten Widerstands gesucht. Das ist genau zwischen Gehirn und Knochen, sodass das Gehirn verlagert wird. Und wenn es zu keiner Zerreißung der Hirnhaut kommt, die ja das Hirn vor Infektionen schützt, dann kann man damit weiterleben. Die Waffen waren ja alle mit Farben beschichtet sowie bleihaltig und mit anderen toxischen Substanzen, die gegen Bakterien wirkten. Dadurch brauchte es länger, dass sich eine Infektion durchsetzen konnte, die ihn letztlich getötet hat", so der Neurochirurg Wilhelm Eisner von der Universitätsklinik Innsbruck.

Kehren wir nochmals zu Maximilian I. zurück: Ein besonderes Faible entwickelte er für die Falkenjagd, und diese Leidenschaft teilte er auch mit seiner Frau Maria. Bei einem ihrer Jagdausflüge stürzte Maria beim Sprung über einen Wassergraben vom Pferd (vermutlich riss der Sattelgurt), prallte gegen einen Baumstamm und zog sich dabei schwerste Verletzungen zu. Nach drei qualvollen Wochen verstarb die erst 25-Jährige daran. Es war eine der seltenen Liebesheiraten bei den Habsburgern. 1494 heiratete Maximilian dann Bianca Maria Sforza, die Tochter des Herzogs Galeazzo Maria von Mailand und Bona von Savoyen – eine Verbindung, die dann wieder ausschließlich der Vernunft und der Politik verpflichtet war.

Treff 3 Elisabeth-Denkmal im Volksgarten

Gegen einen Stich ins Herz konnten auch die Hoffmannstropfen nichts mehr ausrichten.

Die Entdeckung des Kokains als Lokalanästhetikum in der Augenheilkunde wird dem österreichischen Augenarzt und Begründer der modernen Lokalanästhesie Carl Koller (siehe auch Seite 60) zugeschrieben – auch wenn das so nicht ganz stimmt. Die anästhesierende Wirkung des Kokains war schon vor Kollers „Entdeckung" im Herbst 1884 punktuell bekannt gewesen: Viele Kokainforscher erkannten im Selbstversuch, dass Kokain die Zunge gefühllos macht, so beispielsweise auch Sigmund Freud. In den 1870er Jahren betäubten bereits einzelne HNO-Ärzte durch Kokainbepinselung den Rachen ihrer Patienten, um kleinere Eingriffe vorzunehmen.

Elisabeth-Denkmal

Kokain empfahl Sigmund Freud nach Eigenversuchen auch als Stimulanz gegen geistige und körperliche Erschöpfungszustände. Und es wurde – zu Zeiten Elisabeths von Österreich („Sisi") – als Medikament, etwa gegen Melancholie, verabreicht. Notabene befand sich Kokain in vielen damaligen Reiseapotheken, um es im Fall des Falles rasch bei der Hand zu haben – so auch bei Elisabeth.

Aus vielen Berichten wissen wir, dass die Reiseapotheke der Kaiserin hinsichtlich ihres Umfangs wohl keine Ähnlichkeit mit heutigen überschaubaren Reiseapotheken hatte. Sisis Reiseapotheke war vielmehr ein verschließbarer Holzkoffer mit Laden, Metalldosen und Glasflaschen für mehr als 60 verschiedene Arzneimittel.

Was sich abgesehen von Kokain und sogenannten „Hoffmannstropfen" – dazu später – genau darin befand, ist heute nicht mehr nachvollziehbar. Allgemeine Hinweise auf Reiseapotheken dieser Zeit finden sich allerdings in der Enzyklopädie des Arztes Georg Friedrich Most über die *„gesamte Volksmedizin"* aus 1843, die um die Mitte des 19. Jahrhunderts ein sehr beliebtes und weitverbreitetes Buch in vielen Haushalten war. Man kann davon ausgehen, dass die Kaiserin Mosts Empfehlungen in vielen Bereichen folgte.

In der Bibliothek der Österreichischen Apothekerkammer gibt es noch einen Faksimileabdruck von Mosts Enzyklopädie. Beschrieben wird darin unter anderem, welche *„Arzneikörper sich in einem solchen Medicinkasten oder in der so genannten Reiseapotheke befinden sollen"*. Insgesamt empfiehlt Most 41 verschiedene Arzneimittel, und er erklärt, bei welchen Krankheitsbildern wie viel davon verabreicht werden soll. Einige Bestandteile in der *„Reiseapotheke eines Arztes"* sollten jedenfalls nie fehlen, unter anderem Asanttropfen, die bei *„Krämpfen Hysterischer"* verwendet werden, Bisam gegen das

„Delirium tremens der Säufer" sowie eine Opiumtinktur als *„unschätzbares Heilmittel in der Hand des vorsichtigen Arztes"*.

Bis ins 19. Jahrhundert hinein wurden Opiumtinkturen als Laudanum, Mohnsaft („Laudanum liquidum") oder Meconium verordnet. Sie waren im 18. und 19. Jahrhundert frei verkäuflich und günstig zu erstehen, wodurch sie breiten Bevölkerungsschichten zugänglich und damit sehr populär waren – ähnlich dem heutigen Aspirin.

Auch Hoffmannstropfen, eine Mischung aus Alkohol und Äther, waren sehr beliebt. Sie galten, ähnlich wie das Riechsalz, als wiederbelebend und wurden von vielen Damen der damaligen Zeit verwendet. Hoffmannstropfen waren auch das letzte Arzneimittel, das Sisi aus ihrer Reiseapotheke eingenommen hatte. Als sie nämlich in der Schweiz, an der Promenade des Genfer Sees, dem Attentat des italienischen Anarchisten Luigi Lucheni zum Opfer gefallen war, wurde sie ohnmächtig und mit Hoffmannstropfen noch einmal kurz ins Leben zurückgeholt. Aber gegen einen Stich ins Herz konnten die Tropfen dann auch nichts mehr ausrichten.

Kaiserin Elisabeth von Österreich
(Kupferstich von Louis Jacoby nach einem Gemälde von Franz Xaver Winterhalter, 1865)

EIN NEBENWEG:

Sisi und die Ernährung/Sport

Für Essen und allgemeine Mahlzeiten verschwendete Elisabeth – ganz im Gegensatz zu ihrem Haarkult – nur wenig Zeit. Ihr ganzes Leben lang war sie bestrebt, eine sportliche Figur zu erhalten. Dabei griff sie auf zahlreiche Diäten zurück, unter anderem auf die Orangen-, die Ei- und die Milchdiät. Später verzichtete sie oft auf ein normales Mittagessen und ernährte sich stattdessen lieber von gesalzenem rohem Eiweiß. Auch kandierte Veilchen galten als Mahlzeit für die Kaiserin. Weiters ließ sie sich rohes Kalbfleisch auspressen, um aus dem daraus gewonnenen Saft eine Brühe kochen zu lassen, die sie dann trank.

Elisabeths größte Furcht war es, an Gewicht zuzunehmen. Folgerichtig gönnte sie sich selten Süßes, und wenn doch, dann bestellte sie den Konfekt beim k.u.k. Hoflieferanten Demel. Danach ging es aber sofort wieder an die Turnringe, um die solcherart zu sich genommenen Kalorien wieder abzubauen. Um die Jugend und Frische ihres Gesichts zu erhalten, griff Elisabeth zu gepresstem Rindfleisch, das sie sich über Nacht auf das Gesicht legte – was zur damaligen Zeit eine durchaus übliche Methode war.

Viele Historiker und auch Mediziner gehen heute davon aus, dass Elisabeth unter Anorexia nervosa litt. Dagegen spricht jedoch, dass sie – abseits ihres periodischen Diätenwahns – durchaus auch Phasen hatte, in denen sie mit großer Lust Mahlzeiten zu sich nahm. Über ihre Hofdame Marie Festetics beispielsweise ließ sie ihrer besten Freundin Ida Ferenczy während eines Jagdaufenthalts am 31. Jänner 1878 einen Brief zukommen. Darin schrieb Elisabeth, *„dass sie jetzt riesigen Appetit hat und derart viel isst, dass sie wie ein Boa Constrictor am Sofa liegt"*.

EIN NEBENWEG:

Sisi und das Rauchen

Interessant ist, dass sich Elisabeth trotz ihrer Sportlichkeit nicht davon abhalten ließ, regelmäßig zu rauchen – was wahrscheinlich ausschlaggebend war für ihre schlechten, gelbverfärbten Zähne. Die Kaiserin setzte sich damit ganz bewusst dem im 19. Jahrhundert für Damen strikten Rauchverbot entgegen.

Es lohnt ein allgemeiner Blick auf die Zahnpflege in Europa im 19. Jahrhundert: Die verwendeten Zahnpulver nutzten, neben den schon lange bekannten Schleifkörpern, wie pulverisierte Holzkohle, Marmor, Bims, Sepia-, Austern- und Eierschalen, auch Magnesiumcarbonat. Ab Mitte des 19. Jahrhunderts wurden Seifenpulver beziehungsweise Blöcke von Zahnseife oder Fläschchen mit einer Seifenlösung hinzugefügt. Zur Geschmacksverbesserung dienten Pfefferminze, Menthol, Veilchenöl, Honig und Zucker. Beliebte Zusatzstoffe waren zudem antibakterielle Kräuter und Gewürze, beispielsweise Salbei, Nelken und Kalmuswurzel. Oft war auch der

Farbstoff Karmin enthalten, um Zahnfleisch und Lippen rot zu färben.

Die Pulver wurden zunächst in Apotheken gemischt und später auch in Fabriken gefertigt. Die weltweit erste Zahnpasta im heutigen Sinn, die Glycerin als Feuchtigkeitsspender enthielt, wurde 1850 von Washington Sheffield entwickelt.

EIN NEBENWEG:

Sisi und die Melancholie

Elisabeth fühlte sich dem Dichter Heinrich Heine verbunden, für den sie sogar eine Statue anfertigen ließ. Auch sie selbst dichtete und reflektierte so ihre Situation. Mit den Jahren wurden die Verse immer trüber, sie waren voller Todessehnsucht. Hier zwei Beispiele:

„Du stilles Leben unter hohen Bäumen, / Wo unbemerkt die Stunden flüchtig zieh'n! / Ich wandle hin in einem Wald von Träumen / Und ahne nicht, dass meine Jahre flieh'n." (1887)

Und:

„Ich bin so scheu wie meine Rehe, / Und wie die weiße Dammhirschkuh / Entflieh' ich, wo ich Menschen sehe, / In meines Waldes grüne Ruh'!" (1888)

Inneren Halt fand Sisi in einer eigenen Welt, in der die griechische Mythologie eine große Rolle spielte. *„Sie haben eine Verzweifelte umgebracht"*, sagte der Untersuchungsrichter zu Luigi Lucheni, der am 10. September 1898 Kaiserin Elisabeth am Genfer See ermordete. Lucheni darauf: *„Ich dachte, eine Glückliche dieser Welt zu töten."* In dieser Szene spiegelt sich eine bittere Ironie. Lucheni traf seine Wahl, doch mit Elisabeth ermordete er eigentlich eine Gesinnungsgefährtin; eine Frau, die ihrer Schicht längst entwachsen war, die unglücklich an der Welt litt und zerbrach.

Tödliches Attentat auf die Kaiserin am 10. September 1898 (Farbdruck aus *Le Petit Journal*, Paris am 25. September 1898)

TOUR 5

GEGEN DIE SITTLICHKEIT: DAS SÜNDIGE WIEN

Wurde gehüstelt, war das Geschäft unter Dach und Fach – von Hübschlerinnen, Grabennymphen und den Eskapaden eines Erzherzogs.

Die Kriegszeiten waren vorbei, Napoleon geschlagen, da stürzten sich die Wiener in Feste und Lustbarkeiten. Man wollte das Leben genießen und auskosten, die Bälle waren unendlich und ein Bankett folgte dem anderen. Vor allem der spätere Staatskanzler Clemens Wenzel von Metternich war dabei kein Kostverächter. Seine Frau stand zwar während der Empfänge immer neben ihm, danach entfernte er sich aber für gewöhnlich, um das Leben zu genießen. Der Konstanzer Generalvikar Ignaz Heinrich von Wessenberg, der während des Wiener Kongresses 1814/15 in Wien weilte, soll einmal über den Fürsten gesagt haben: *„Er* (Metternich, Anm.) *hört mich, wie gewöhnlich, kaum an. Die ganze Curländische Huren-Gesippschaft war da, mithin für andere Menschen kein Sinn. Metternich hat diese Weiber seit acht Tagen in alle politischen Geheimnisse eingeweiht; was sie wissen, ist unglaublich."*

Zehn Prozent der Wienerinnen sollen damals den Kongressteilnehmern – haupt- oder nebenberuflich – in Liebesdiensten zur Verfügung gestanden haben. Das war wohl mit ein Grund für die überaus lange Dauer des Kongresses, nämlich vom 18. September 1814 bis 9. Juni 1815. *„Der Kongress funktioniert nicht, aber er tanzt"*, war nur eines der Bonmots, die die Jahrhunderte überdauert haben. *„Der Kongress tanzt wohl, aber er schreitet nicht voran"*, lautete ein anderes.

Vielleicht aber waren die vielen Lustbarkeiten zur Zeit des Wiener Kongresses auch eine befreiende Reaktion auf die gesetzlichen Restriktionen, die davor das (Liebes-)Leben in der Residenzstadt maßgeblich bestimmt hatten: Sogenannte „Keuschheitskommissionen" oder auch Keuschheitsgerichte beziehungsweise Zuchtgerichte waren ein von 1752 bis Anfang des 19. Jahrhunderts in Wien bestehender Zweig der Gerichtsbarkeit, der Prostitution, außerehelichen Geschlechtsverkehr, anstößiges Verhalten und Homosexualität streng bestrafte und zensierte. Eingerichtet wurden sie von Kaiserin Maria Theresia, die damit die Sittlichkeit und den Glauben heben wollte. Es wird gemunkelt, dass Maria Theresia vor allem aufgrund der Untreue ihres Ehegatten Franz Stephan besonders streng in Sachen Unkeuschheit reagierte.

Geregelt waren die harten Strafen in der *„Constitutio Criminalis Theresiana"*, dem maria-theresianischen Gesetzbuch. *„Incorrigible Weibspersonen"* mussten demnach Zwangsarbeit in Zucht- und Spinnhäusern leisten. Berüchtigt waren auch die „Temesvarer Wasserschübe": Prostituierte sowie Kriminelle und sogenannte Asoziale wurden mit Schiffen ins Banat deportiert und dort zwangsangesiedelt.

Keuschheitskommissare, von denen es laut Giacomo Casanova, der 1754, 1767 und 1783 bis 1785 in Wien weilte, mehr als 500 gab, hatten weitreichende Befugnisse, einschließlich des Zutritts zu Privathäusern und Wohnungen, und sie stützten sich auf zahlreiche Denunzianten und Spitzel. Casanova veranlasste dies zur Aussage, es handle sich dabei um *„schändliche Spione"*. Für ihn waren es die *„unerbittlichen Quälgeister aller hübschen Mädchen; Die Kaiserin hatte alle Tugenden, nicht aber die Duldsamkeit, wenn es sich um unerlaubte Liebe zwischen Mann und Frau handelte"*.

CONSTITUTIO CRIMINALIS
THERESIANA
oder der
Römisch-Kaiserl. zu Hungarn und Böheim ꝛc. ꝛc. Königl. Apost.
Majestät
Mariä Theresiä
Erzherzogin zu Oesterreich, ꝛc. ꝛc.
peinliche
Gerichtsordnung.
WIEN,
gedruckt bey Johann Thomas Edlen von Trattnern,
kaiserl. königl. Hofbuchdruckern und Buchhändlern.
1769

„Constitutio Criminalis Theresiana": Zwangsarbeit für *„incorrigible Weibspersonen"*

Im Kampf gegen die Unkeuschheit machte Maria Theresia nicht einmal vor den oberen Schichten Halt: Sie ließ auch besonders unzüchtige Adelige bespitzeln. Männer hatten mit hohen Geldstrafen zu rechnen und gingen womöglich ihrer Karriere beim Militär verlustig. Frauen wurden für mehrere Jahre in Klöstern kaserniert. Die geschätzte Zahl der Prostituierten in Wien belief sich zu dieser Zeit auf etwa 10.000 „gemeine" und 6.000 „vornehme" Dirnen.

Wer sich nun auf Spurensuche durch das sündige Wien begibt, sollte aber nicht gleich in der Neuzeit beginnen, sondern mit einem Abstecher in die Römerzeit starten.

Treff 1 Michaelerplatz

Die Nebengeschäfte der Wirte und Bäcker.

Zwischen 1989 und 1991 wurde der Michaelerplatz großflächig archäologisch untersucht. Neben mittelalterlichen und neuzeitlichen Resten wurden bei den Grabungen auch Reste der römischen Lagervorstadt außerhalb des Militärlagers Vindobona (Canabae) aus dem 2. bis 5. Jahrhundert n. Chr. aufgefunden.

Offiziell durften römische Legionäre bis ins 3. Jahrhundert n. Chr. nicht verheiratet sein. In der Regel lebten sie daher mit ihren Lebensgefährtinnen im Konkubinat. Die Freizeit verbrachten sie bei ihren Familien in der Canabae, in der sich neben Läden und Schenken oft auch die Bordelle, sogenannte „Lupanars", befanden. Hergeleitet ist der Name von *lupa* (Wölfin, die Puffmutter).

Michaelerplatz: Hier befand sich bis zum 5. Jh. die römische Lagervorstadt

Bordelle waren in der römischen Zeit private Unternehmungen – wobei die Unternehmer durchaus kreativ waren, was die „Gesellschaftsform" ihrer Häuser anging: Neben den von Beginn an als Bordell geplanten Gebäuden, eben den Lupanaren, gab es Betriebe, die als „normale" Geschäftslokale geführt wurden und quasi nebenbei auch sexuelle Leistungen anboten, etwa Wirtshäuser, Kneipen und Geschäfte, und hier vor allem Bäckereien.

Zum Kundengewinn betrieben die Bordelle offensiv Werbung. Die Eingänge der Freudenhäuser waren auf verschiedene Weise gekennzeichnet. Möglich waren beispielsweise Phallussymbole oder erotische Darstellungen, wie wir sie auch aus Pompeji kennen.

Es war damals keine Seltenheit, dass in der Provinz Militärlager und Bordelle in direkter Nachbarschaft anzutreffen waren – was wohl auch mit dem Heiratsverbot der römischen Legionäre zu tun hatte. Aber auch Reisende konnten so bequem die Dienstleistungen der einzelnen Etablissements nutzen.

Bezahlt wurde mit sogenannten „Spintrien", also münzähnlichen Plättchen (Marken), die vermutlich aus der frühen römischen Kaiserzeit stammen. Die Motivseite zeigte gelegentlich erotische Bilder, auf der anderen Seite wiesen die Plättchen eine Zahl auf. Die Funktion der Spintrien ist bis heute nicht gänzlich geklärt. Ezechiel Spanheim, der im 17. Jahrhundert als einer der ersten Spintrien näher untersuchte, sah in den Marken Gutscheine, die etwa in den Theatern unter den Besuchern verteilt wurden, wie auch antike Texte überliefern. In der Folgezeit wurden weitere Vermutungen geäußert: Eintrittsmarken für Theater- oder Thermenbesuche, Jetons für Bordelle, die auf der Rückseite den Wert der auf der Vorderseite abgebildeten Dienstleistungen, die der Besitzer in Anspruch nehmen konnte, angaben, oder aber auch Spielmarken. Aktuell geht man davon aus, dass es sich um Spiel- und Bordellmarken handelte. Wer einen Besuch im Kunsthistorischen Museum einplant, sollte in Saal II. des Münzkabinetts vorbeischauen: Dort sind in der Vitrine 39 einige Spintrien ausgestellt.

Ein kurzer Abstecher gilt dem Michaelerdurchgang gleich rechts von der Michaelerkirche. Auf der linken Seite befindet sich, an der Außenmauer der Kirche, eine bemalte Steinskulptur mit einer Ölbergszene, die früher ein beliebter – und intimer – Ort zur Anbahnung von Liebesgeschäften war: Vor dem Relief knieten die Hübschlerinnen, einer der vielen liebevollen Ausdrücke der Wiener für ihre Prostituierten, während der Mittags- oder Abendmesse mit einem Rosenkranz in der Hand. Gegen das Beten konnten nicht einmal die gefürchteten Keuschheitskommissare Maria Theresias etwas vorbringen. Kam nun ein Freier vorbei und wurde beiderseitig „gehüstelt", war das Geschäft unter Dach und Fach. Wurde das Gehüstel nicht erwidert, wusste man, dass die bei der Kapelle Betende tatsächlich eine Gläubige war oder dass der vorbeischlendernde Herr nur zufällig und ohne frivole Gedanken den Durchgang passierte.

Noch heute ist dieser Bereich als „Hüstel"- oder „Räusperstrich" bekannt, gleichwohl er seine übertragene Bedeutung gänzlich verloren hat – ähnlich wie der nahe gelegene Kohlmarkt oder der Graben. Dort gingen in früheren Zeiten besonders junge Mädchen, die „Grabennymphen", dem Gewerbe nach. An jedem Tag wurde dort ein amtlicher Kreidestrich gezogen, um das Anwerbungsfeld zu markieren (reine und unreine Seite). Da die Grabennymphen ihren Werbern möglichst nahe sein wollten, gingen sie immer hart „am Strich".

Michaelerdurchgang: Einst ein Ort zur Anbahnung von Liebesgeschäften

Die heutige Innere Stadt war nur ein „Hotspot" für die bezahlte Liebe. Neben dem Spittelberg (heute 7. Bezirk) waren es vor allem der Prater (heute 2. Bezirk) sowie der Vorort Hernals (heute 16. Bezirk), wo die Wiener ihre Damen für bezahlte Liebe finden konnten. Davon zeugt auch das legendäre Taschenbuch, das Joseph Richter 1787 mit ganz konkreten Tipps an die Damen für die Anwerbung ihrer Kunden herausgegeben hat. Darin heißt es beispielsweise für den Monat März (Achtung: Fastenzeit!): *„Die gewöhnliche Jagd fängt diesen Monat zwischen 5 und 6 Uhr an. Ihr Könnet aber andere Streifungen vornehmen. Der günstigste Ort dazu ist Hernals, wenn die Witterung schön ist. Sonst möget ihr auch den Fastenpredikten beywohnen. Ihr habet hier zwei Vortheile. Erstens zerstreuet ihr durch euren Anzug die versammelten Christen, und schwächet den Eindruck, der der Pater auf die Herzen eurer Verehrer machen könnte, und dann ereget ihr bey so manchem abgelebten Andächtler den Wunsch, euch zu begehren. Normal war dieser Monat einer der Einträglichsten.“*

Blieb noch das Problem, wohin man gehen konnte, wenn es mit der Anwerbung geklappt hatte. Man konnte dabei beispielsweise auf Fiaker, zweispännige Lohnkutschen, zurückgreifen. „Porzellanfuhre“ war das Codewort bei den Fiakern im 18. Jahrhundert. Mit diesem Wort wurde dem Kutscher vom Fahrgast vermittelt, dass es egal war, wohin er fuhr, dafür sollte es aber möglichst langsam und schonend vorangehen, eben wie mit einer Fuhre Porzellan. Der Fahrgast konnte auf diese Weise die Dienste der mit im Wagen befindlichen Prostituierten in Anspruch nehmen.

Abgeleitet davon wurden die Fiakerkutscher auch als „Porzellannagler“ bezeichnet, die ihre Kutschen möglichst blickdicht machten.

Treff 2 Josefsplatz

„Ich küß dein ertzenglisches Arscherl.“

Joseph II. lenkte nach dem Tod seiner Mutter Maria Theresia 1780 zehn Jahre lang die Geschicke der Habsburgermonarchie. In die Geschichte eingegangen ist er als „Reformkaiser“, der unter anderem das Toleranzpatent sowie die Aufhebung der Leibeigenschaft durchsetzte. Das Toleranzpatent ermöglichte allen diskriminierten Minderheiten eine freiere Ausübung ihrer Religion – wiewohl der Vorrang der katholischen Kirche aufrecht blieb. Allerdings sah er sich am Ende seines Lebens gezwungen, viele seiner Reformen wieder zurückzunehmen.

Zur Zeit Joseph II. war es üblich, für die Großfamilie Habsburg sogenannte „Hygieneweiber“ heranzuziehen, die dafür zuständig waren, die zahlreichen Erzherzöge in die Liebeskünste einzuweisen. Das hatte nicht selten zur Folge, dass sich die Erzherzöge bereits sehr früh mit Krankheiten infizierten.

Joseph II. dürfte, falls ihm überhaupt „Instruktionsdamen" zur Verfügung gestellt wurden, kein sehr gelehriger – oder begeisterter – Schüler gewesen sein. Denn vor seiner Hochzeit mit der Prinzessin Isabella von Bourbon-Parma 1760 – er war damals 19 Jahre alt – schrieb er an einen guten Freund geradezu in Panik: *„Je mehr der Moment heranrückt, desto aufgeregter bin ich, nicht aus Vergnügen, sondern aus Furcht, nicht glücklich zu werden. Ich fühle mich sehr jung und kaum imstande, mich selbst zu leiten – wie soll ich da eine Frau lenken … ich fürchte mich mehr davor, mich zu vermählen, als ob ich in eine Schlacht zöge, besonders seit ich die Instruktion empfangen habe, die mich erschreckt und aufs Äußerste überrascht hat … schon der Gedanke an das, was mir hier bevorsteht, fällt mir schwer und erregt meinen Ekel …"*

Isabella von Bourbon-Parma
(Gemälde von Jean Marc Nattier d.J., 1758)

Letztendlich verliebte sich Joseph aber in seine junge Braut und las ihr

Der Statue des Marc Aurel am Kapitol in Rom nachempfunden: Reiterstatue von Joseph II. am Josefsplatz

jeden Wunsch von den Augen ab. Zu seinem Leidwesen interessierte sich die schöne Isabella jedoch mehr für die Schwester von Joseph, Marie Christine, genannt Mimi: *„Allerliebster, allerschätzbarichster Schatz, ich habe dir schreiben wollen, als die Englische Cammerdienerin kommen ist … Adieu mein Trost, du bist mir gar zu gut, dass du an mich denckst, ich hoffe dich heute zu sehen um halber 11. Adieu nochmal. Ich küß dein ertzenglisches Arscherl."* Ob diese Zuneigung von Marie Christine erwidert wurde, wissen wir leider nicht.

Nicht ganz einfach gestaltete sich auch das Liebesleben von Marie Antoinette, der Schwester Josephs II., die mit Ludwig XVI. von Frankreich vermählt wurde. Die beiden heirateten für unser heutiges Verständnis jung (oder besser: wurden verheiratet): Sie war 14, er 15. Erklärtes Ziel beider Herrscherhäuser war die Zeugung von Nachkommen – vorerst aber ohne Erfolg. Der französische Hof machte dafür die Unerfahrenheit des Dauphins in Liebesdingen sowie die Vergnügungssucht seiner jungen Frau als Gründe aus. Maria Theresia schaltete sich ein und riet ihrer Tochter zu *„Zärtlichkeiten und Schmeicheleien; denn zuviel Eifer würde alles verderben; Sanftmut und Geduld sind die einzigen Mittel, deren Sie sich bedienen durfen"*, um tadelnd anzumerken, dass *„der Stil Ihrer Briefe jeden Tag schlechter und weniger korrekt ist. Seit zehn Monaten hätten Sie ihn perfektionieren müssen"*. Maria Theresia reagierte immer panischer, als Monat für Monat die enttäuschenden Briefe der Tochter eintrafen, wonach „die anderen Umstände" noch nicht realisiert worden waren. Denn erst ihr sexueller Vollzug legitimierte eine Ehe, die für die Kaiserin im Hinblick auf die Machtspiele Friedrichs II. von Preußen von größter außenpolitischer Bedeutung war. Nur im Bündnis mit den Bourbonen, in deren Nebenlinien sie, wie bereits erwähnt, auch Joseph II. verheiratet hatte, sah Maria Theresia den nötigen Rückhalt gegen Preußen und das unkalkulierbare Russland.

Aus ihren Briefen an *„Madame meine geliebte Mutter"* spricht jene Verzweiflung, die der enorme Erwartungsdruck in Marie Antoinette erzeugt haben musste: *„Der Herr Dauphin … hat guten Willen, aber er ist von einer Lässigkeit und Trägheit, die ihn nur bei der Jagd verlässt. Doch bewahre ich gute Hoffnung."* Oder: *„Ich kann wohl Ihnen, meine teure Mama, und nur Ihnen anvertrauen, dass meine Angelegenheiten … sich gut entwickelt haben, und ich die Ehe für vollzo-*

gen halte; wenn auch noch nicht in dem Maße, um schwanger zu sein."

Joseph II. machte sich auf den Weg nach Paris. Erst nach einem erstaunlich offenen Gespräch mit seinem Schwager kam offenbar der Durchbruch. Überliefert ist ein Brief Ludwigs an Joseph: *„Denn seit Ihrer Reise ist es immer besser gewesen bis zur vollkommenen Konklusion ... Ich hoffe, dass das nächste Jahr nicht vorübergehen wird, ohne dass ich Ihnen einen Neffen oder eine Nichte gegeben habe."* Die Hofärzte hatten bei Ludwig XVI. eine Vorhautverengung diagnostiziert, die den Geschlechtsverkehr zu einem schmerzhaften Erlebnis zu machen schien, somit wurde die Verantwortung für die ausbleibende Schwangerschaft Marie Antoinettes auch zu einem Problem des Königs. Nach einem kleinen operativen Eingriff war dieses Problem gelöst.

Zurück zur Ehe Joseph II: Seine geliebte Frau Isabella verstarb sehr früh an den Pocken. Seine zweite Frau, Maria Josepha von Bayern, die eine Cousine zweiten Grades war, rührte Joseph zeitlebens nicht an. Er ging stattdessen lieber in die Vorstadt am Spittelberg in ein Bordell. Als der sparsame Joseph einmal den geforderten Preis nicht zahlen wollte, wurde er gewaltsam aus dem Etablissement entfernt. Noch heute erinnert eine Tafel im Haus Gutenberggasse 13 an dieses denkwürdige Ereignis: *„Aus diesem Thor im Bogen ist Kaiser Joseph II. geflogen."*

Treff 3 Hotel Sacher

Auch heute noch eine Topadresse: Das Sacher

Nackt und nur mit Säbel und Orden bekleidet.

Es gehört wohl zu den legendärsten Hotels in Wien – wenn nicht sogar weltweit: das 1876 gegründete Hotel Sacher gleich hinter der Staatsoper und in unmittelbarer Nähe zum Albertinaplatz. Seine Séparées erlebten im Laufe der Geschichte schon manche (sittliche)

Eskapade – und sie sind untrennbar verbunden mit einem Erzherzog, der wegen seiner zahlreichen außerehelichen Beziehungen und seines ausschweifenden Lebensstils für eine Reihe von Skandalen in der Öffentlichkeit sorgte: Erzherzog Otto, der jüngere Bruder des österreichischen Thronfolgers Franz Ferdinand und Vater des letzten österreichischen Kaisers Karl I.

Eine sehr bekannte Anekdote ist jene, als Otto während eines Aufenthalts im Hotel Sacher, offensichtlich illuminiert, *„pudelnackert"* und nur mit Säbel und Ornatskette bekleidet durch die Gänge des Hotels promenierte und dabei der Frau des britischen Botschafters begegnete. Dieser Vorfall sollte noch für viele Gespräche in den höchsten Rängen der europäischen Diplomatie sorgen.

Otto beschäftigte die „Klatsch-und-Tratsch"-Gesellschaft der damaligen Zeit und war bei mehreren Skandalen der Hauptprotagonist. So soll er bei einem Ausritt auf einen Leichenzug getroffen und vor lauter Übermut im Galopp über den Sarg gesprungen sein. Ein sozialdemokratischer Abgeordneter, der diese Begebenheit aufdeckte, wurde wenige Tage darauf brutal zusammengeschlagen.

Erzherzog Otto
(Silbergelatineabzug von Carl Pietzner, 1903)

Der Erzherzog wurde 1886 mit der Prinzessin Maria Josepha Luise von Sachsen verheiratet. Die unglückliche Ehefrau wurde von ihrem Gatten gedemütigt, und die ständigen Skandale rund um den „schönen Otto" machten ihr sehr zu schaffen. Er trank sehr viel, und einmal konnte er sturzbetrunken nur im letzten Moment davon abgehalten werden, in das Schlafzimmer seiner Gattin einzudringen, um seinen ebenfalls sehr beeinträchtigten Offizierskollegen „eine Nonne" zeigen zu können. Letztendlich versuchte Maria Josepha, so gut es ging, Distanz zu halten. Die Eheleute hatten kaum mehr Kontakt zueinander. Maria Josepha fand Rückhalt in ihrer tiefen Religiosität und überwand so viele Demütigungen.

Da Otto sein recht freizügiges Leben im wahrsten Sinne des Wortes genoss, gab es auch mehrere uneheliche Kinder. Offiziell anerkannt wurden der Sohn aus der Beziehung mit der Balletttänzerin Marie Schleinzer sowie eine Tochter aus der langjährigen Liaison mit der Sängerin Louise Robinson.

Es verwundert nicht, dass Ottos vielseitiges Interesse an Frauen rasch zu einer Infektion mit der gefürchteten Syphilis führte. Zur damaligen Zeit gab es noch keine wirksame medikamentöse Behandlung, was gleichzusetzen war mit einem langen und qualvollen Dahinsiechen. Otto hatte es dabei besonders stark erwischt: Seine Nase deformierte und musste durch eine Prothese aus Kautschuk ersetzt werden. Sein Kehlkopf zersetzte sich, was äußerst schmerzhaft und durch die Geruchsentwicklung des verfaulenden Gewebes ekelerregend war.

Seine letzten Lebensjahre verbrachte Otto in einer Villa in Döbling, abgeschieden von der Welt und gepflegt von „Schwester Martha". Die Dame war niemand anderer als seine letzte Geliebte Louise Robinson, die ihm bis zu seinem Tod die Treue hielt. Nur seine Stiefmutter Erzherzogin Maria Theresia, die ihn regelmäßig besuchte, hielt den Kontakt zum Haus Habsburg einigermaßen aufrecht.

Vom Hotel Sacher ist es nur ein Katzensprung zum Neuen Markt. Er entstand infolge der Enge des Hohen Marktes, der im 13. Jahrhundert die Versorgung der Öffentlichkeit nicht mehr gewährleisten konnte. Im 17. Jahrhundert entstanden hier beliebte Vergnügungslokale (an der Stelle des heutigen Hotels Ambassador), in denen glanzvolle Feste abgehalten wurden. Anfangs waren diese Lokalitäten nur der adeligen Oberschicht vorbehalten, im Laufe der Zeit ging es mit dem Publikum aber stetig bergab und letztlich zog die Prostitution ein.

In der Mitte des Platzes steht auch heute noch der Donnerbrunnen – eine erotische Darstellung der Flüsse Traun, Enns, Ybbs und March. Errichtet wurde der Brunnen zwischen 1737 und 1739 von Georg Raphael Donner. Unter der Herrschaft Maria Theresias wurde die Nacktheit der Figuren als anstößig betrachtet. Vor allem die allegorische Darstellung der Traun dürfte auf Missfallen gestoßen sein, schaut doch der Betrachter direkt in den Allerwertesten der Figur. 1773 wurden die Figuren, angeblich auf Betreiben der Keuschheitskommission, entfernt. Der Bildhauer Johann Martin Fischer wurde beauftragt, sie einzuschmelzen. Er erkannte jedoch ihren künstlerischen Wert und restaurierte sie. 1801 wurden die Figuren dann wieder auf ihren alten Platz gestellt. Heute befinden sich die Originale im Unteren Belvedere, am Platz zu sehen sind lediglich Kopien.

Rund um die Figur der Traun rankt sich folgende Legende: Angeblich war der Bildhauer Donner in die Tochter des Bäckers verliebt, dessen Geschäft im nordwestlichen Eck des Marktes – dort, wo heute die Konditorei Oberlaa steht – gelegen war. Künstler genossen damals kein hohes Ansehen, sodass der Vater eine Liaison mit Donner unterband. Der rächte sich, indem er die Figur der Traun so positionierte, dass der Bäcker, wenn er das erste Mal in der Früh die Backstube verließ und auf die Straße ging, direkt in den verlängerten Rücken der Traun schauen musste.

EIN NEBENWEG:

Die Syphilis

Giacomo Casanova soll bereits als Kind oft krank gewesen sein, und nicht nur einmal lebensgefährlich. Er litt an Blutungen, vor allem an Nasenbluten, das nicht gestillt werden konnte und mit vielen, auch esoterischen Mitteln bekämpft wurde. Sein besonders starker Lebenswille soll aus diesen Gefährdungen entstanden sein. Er selbst meinte in späteren Jahren, dass er als Kind dem Tod derart oft so nahe gewesen sei, dass er ihn später nicht mehr gefürchtet habe. In Wien setzte sich Casanova intensiv für den Gebrauch von Präservativen ein, da sie vor Krankheiten schützten, speziell vor der Syphilis. Entsprechende Plakate gab es am Graben und am Stephans-

Giacomo Casanova
(anonyme Pinselzeichnung, ohne Datierung)

Behandlung eines Syphilispatienten mit Guayaco, das aus dem Holz des Guaiacum-Baumes hergestellt wurde (um 1570)

platz: *„Wiener! Hört auf einen erfahrenen Mann wie mich, der ich schon viele Frauen besitzen durfte. Die Zeiten sind gefährlich. Wie leicht kann uns nach einer wunderbaren Liebesnacht die Syphilis dahinraffen. Werft Eure Speckschwarten weg! Sie sind nichts wert. Hört auf mich. Eure Adeligen verwenden Tierhäute. Diese wehren Krankheiten ab."*

Casanovas warnender Hinweis auf die Speckschwarten bezog sich auf die damals übliche Praxis, die männlichen exponierten Stellen mit Speckschwarten einzureiben, um mit dem Fett Krankheitserreger fernzuhalten. Die von Casanova favorisierten Präservative wurden aus getrockneten Blinddärmen von Lämmern hergestellt. Für die Elastizität rieb man sie mit Öl ein. Danach spannte man das Präservativ auf einem Kondomtrockner auf.

Ab dem 19. Jahrhundert verwendete man dann auch Fischblasen, Gummi fand erst im 20. Jahrhundert seine Verwendung.

Gegen die optischen Auswirkungen der weit verbreiteten Syphilis konnte man in Wien einiges „zum Abdecken" kaufen, so zum Beispiel Jungfernmilch, eine weiße Schminke gegen Syphilisflecken. Das Geschäft dürfte gut funktioniert haben, denn Joseph II. führte kurzerhand eine Schminksteuer ein, um so ebenfalls am schwungvollen Handel (mit-)zuverdienen. Auch Wachsnasen wurden in unterschiedlichen Größen hergestellt, um so die für die Syphilis typischen Entstellungen im Gesicht zu kaschieren.

Der Ausdruck *„Dem steht die Sünd' ins G'sicht geschrieben"* stammt aus dieser Zeit und bezieht sich direkt auf die Folgen der Syphilis.

Treff 4 Franziskanerkirche

Wo man sich von seinen Sünden reinwaschen konnte.

Schlägt man den Weg vom Neuen Markt zum Franziskanerkloster ein, lohnt ein Abstecher durch die schmale mittelalterliche Ballgasse – von der Rauhensteingasse kommend rechts abzweigend. Solche Gassen waren aufgrund ihrer Enge beliebte Orte der Anbahnung: Waren Keuschheitskommissare unterwegs, konnte man sich schnell hinter einer Biegung beziehungsweise in einem Hinterhof verstecken. Heute präsentiert sich die Ballgasse als einheitliches Gebäudeensemble josephinischer Wohnhäuser.

Ballgasse

Nach wenigen Metern erreicht man dann den Franziskanerplatz, an dessen rechter Seite das Franziskanerkloster steht. An dieser Stelle stand einst das Büßerinnenkloster zu St. Hieronymus.

Gegründet wurde das Büßerinnenkloster 1306 als „Seelhaus der Büßerinnen vom dritten Orden des heiligen Franziskus". Es war für Frauen bestimmt, *„die sich aus iren offenn sunden aus dem gemainen frein leben der uncheusch bechert und in puess gesaczt habent"*. Es nahm also vor allem reuige Lustdirnen auf. Die Einrichtung dürfte erfolgreich agiert haben, denn bereits 1383 schlossen sich Wiener Bürger zusammen, die das Kloster erweiterten, um auf diese Art die sittlichen Zustände in der Stadt zu heben.

Bestätigt wurde die Stiftung 1384 von Herzog Albrecht III. Damit genoss das „Seelhaus" Steuer- und Zollfreiheit, und es war der Aufsicht der Stadt unterstellt. Ab diesem Zeitpunkt leiteten Wiener Bürger als „Verweser" die Verwaltung des Hauses.

Obwohl die Büßerinnen in einem Kloster lebten, Ordenskleidung trugen und auch zu regelmäßigen Bußübungen verpflichtet waren, mussten sie kein eigentliches Klostergelübde able-

Franziskanerkirche mit Klosterkonvent

gen. Zu absolutem Gehorsam gegenüber der „Meisterin", die eine Leitungsfunktion innehatte, waren sie aber sehr wohl verpflichtet.

Der für die damalige Zeit ungewöhnlich lockere Umgang mit den moralischen und gesellschaftlichen Normen zeigt sich auch anhand der Tatsache, dass Heiraten möglich waren, ohne dass der entsprechende Ehemann mit einem gesellschaftlichen Abstieg rechnen musste. Dem entgegen stand dann aber wieder der Umstand, dass die Strafen für rückfällige Frauen des „Seelhauses" durchaus drakonisch waren: Ihnen drohte nichts weniger als der Tod durch Ertränken.

Noch um 1500 war das Büßerinnenkloster so stark belegt, dass zusätzliche Zellen gebaut werden mussten. Erst der Stadtbrand von 1525, die Belagerung Wiens durch die Osmanen 1529 und die Wirren der Reformation leiteten den Niedergang des Büßerinnenklosters ein. Beim Stadtbrand ging der größte Teil des Klostergebäudes in Flammen auf, unversehrt blieb nur der Pfarrhof. Da den Büßerinnen durch die Reformation keine Legate und Stiftungen mehr zuflossen, konnte nur ein kleiner Teil der Wohnanlagen wiederhergestellt werden. 1543 gab es neben der „Meisterin" nur noch acht weitere Bewohnerinnen.

Das Brand- und Kriegsgeschehen war eine Sache, der deutliche Sittenverfall im Kloster eine andere. Überlieferungen berichten von regelrechten Orgien zur damaligen Zeit – *„allerley Leichtfertigkeiten"*. Diese reichten von Gotteslästerung, Trunkenheit und Völlerei bis hin zu Unzucht. Man kann wohl annehmen, dass diese Auswüchse von den jeweiligen „Meisterinnen" durchaus geduldet wurden, wenn sie nicht sogar „part of the game" waren. Hinzu kamen wirtschaftliche Verfehlungen, die zu einschneidenden Verlusten beim Stiftungsvermögen führten. 1571 stand das Kloster dann völlig leer.

Sein Ende fand das Büßerinnenkloster 1589, als dem Franziskanerorden die Gebäude und die dazugehörende Kirche angeboten wurden. Seitdem ist es die Heimstatt der Franziskaner in Wien.

Versäumen Sie nicht einen kurzen Blick auf das legendäre „Kaiserbründl", das sich in der Weihburggasse ein paar Meter in Richtung Ring auf der rechten Seite befindet. Heute wird dort eine Herrensauna betrieben. Dieses ehemalige Zentralbad entstand aus einer Reihe von nahegelegenen mittelalterlichen und frühneuzeitlichen Bädern, wie beispielsweise die seit dem 14. Jahrhundert bestehende „Badestube bei der Himmelpforten", das Bürgerspitalbad sowie die „Badestube Wollzeile."

Kaiserbründl: *„The most substantial, elegant and complete bath in the world"*

Das „Kaiserbründl" stammt vom Architekten Adolf Endl, die Innenarchitektur von Albert Swoboda, der auf den maurischen Stil spezialisiert war. Die Eröffnung erfolgte am 26. Mai 1889. Simon Baruch, Pionier auf dem Gebiet der Hydrotherapie und Gründer des öffentlichen Badewesens von New York, bezeichnete die Badeinstitution damals als *„the most substantial, elegant and complete bath in the world"*.

Um 1900 gehörte es für gehobene Schichten zum guten Ton, das zentral gelegene Bad zu besuchen – es fand sogar Erwähnung in damaligen Reiseführern. Ein prominenter Stammgast war Erzherzog Ludwig Viktor, genannt „Luziwuzi", der jüngere Bruder Kaiser Franz Josephs. Ludwig Viktor trug sehr gerne Damenkleidung und hielt sich auch lieber unter jungen Offizieren auf.

Seine homosexuelle Neigung brachte ihn des Öfteren in Schwierigkeiten. Einmal näherte er sich anzüglich einem Offizier, der ihn postwendend ohrfeigte. Der Skandal wurde geheim gehalten, auch die damalige Presse berichtete kaum darüber. Trotzdem enthob der Kaiser seinen Bruder von allen ererbten Rechten und verbannte ihn nach Salzburg, wo er am 18. Jänner 1919 verstarb.

TOUR 6

MOZART UND SEINE ZEITGENOSSEN

Hätten alle Mozartforscher mit ihren Diagnosen recht, wäre der Komponist an zumindest 140 Krankheiten gestorben.

Am 27. Jänner 1756 wurde in der Getreidegasse in Salzburg Wolfgang Amadeus Mozart als letztes von sieben Kindern geboren. Die Kindheit überlebte außer ihm nur seine um vier Jahre ältere Schwester Maria Anna Walburga, „das Nannerl".

Die Konstitution von Wolfgang Amadé muss sehr gut gewesen sein, da – oder sollte man eher sagen: obwohl? – es in der Familie Mozart, dem Trend der damaligen Zeit folgend, noch Gewohnheit war, die Säuglinge mit Wasser anstelle von Milch zu ernähren – eine Methode, die Mozart auch bei seinen eigenen Kindern später durchsetzen wollte, wie aus einem Brief zu entnehmen ist: *„Meine Frau Constanze sollte niemalen ihr Kind stillen. Allein einer anderen Milch solle mein Kind auch nicht hinein schlucken – sondern bey Wasser, wie meine Schwester und ich … allein die meisten Leute hier haben mich ordentlich gebeten, ich sollte das nicht thun weil hier die meisten Kinder beym Wasser draufgehen … das hat mich nun bewegt, nachzugeben."*

Mozart scheint diese Ernährung im Säuglingsalter offenbar ohne Schaden überstanden zu haben, und früh zeigte sich seine musikalische Begabung. Mit drei Jahren fand er Gefallen daran, wohlklingende Terzen zu spielen. Mit vier Jahren übte er bereits mit seinem Vater Leopold aus dem Übungsbuch seiner Schwester. Er lernte leicht, ließ sich mit keinem Spiel von der Musik ablenken. Seine erste Komposition, KV 1a, ist ein zehntaktisches Andante in C-Dur, dass er mit knapp fünf Jahren schrieb. Er improvisierte bald seine eigene Musik und der Vater schrieb sie auf. Mit sechs Jahren trat er das erste Mal öffentlich auf.

Bald erkannte Leopold Mozart die enorme Begabung seines Sohnes und beschloss, finanziellen Nutzen daraus zu ziehen. Von nun an mussten Wolfgang und seine um viereinhalb Jahre ältere Schwester ein gewaltiges Übungspensum absolvieren. Virtuose Leistungen, in frühester Jugend anerzogen, sollten als Sensation wirken und der Öffentlichkeit präsentiert werden.

Gleich musikalischen Dressuren wollte sich der Vater die Leistungen seiner Kinder gut bezahlen lassen. Freilich sagte er das nicht direkt, sondern hob das Talent gleichsam ins Religiöse: „ ... *der Welt ein Wunder verkünden, welches Gott in Salzburg hat lassen geboren werden. Ich bin diese Handlung im allmächtigen Gott schuldig sonst wäre ich eine undankbar Kreatur.*"

Leopold Mozart entwickelte eine rege Reisetätigkeit, um vor allem seinen Sohn der großen weiten Welt „vorzuführen". Wichtig bei den Auftritten war ihm, dass „Wolgangerl" so klein und niedlich wie möglich aussehen musste, das brachte den meisten Erfolg. Deswegen war die Unternehmung des Vaters auch zeitlich begrenzt. Die Kinder präsentierten sich als musikalische Zauberkünstler: Pianist, Geiger, Komponist, Organist und Improvisator war

Leopold Mozart (Gemälde von Antonio Pietro Lorenzoni, um 1766)

der kleine Mozart alles in einem. Daneben gab es Wettspiele mit anderen Wunderkindern, eigene Kompositionen und Prüfung durch andere Musiker. Ihre Allgemeinbildung erhielten die Kinder ausschließlich vom Vater vermittelt, beide besuchten keine Schule. Hausaufgaben machte man in der Kutsche, und in jedem Quartier wurde sofort ein Klavier ausfindig gemacht. Das alles zusammen wirkte auf die Physis und Psyche der Geschwister – Krankheiten wie Gelenksrheumatismus, Bauchtyphus, Pocken und Nierenbeckenentzündungen waren die direkten Folgen für die Kinder.

Treff

1 Palais Collalto, Am Hof 13

„Doch danke ich Gott unendlich, dass es so gelauffen."

Das Palais Collalto, um 1671 im barocken Stil erbaut, war die erste Wohnadresse Mozarts in Wien. Die Familie traf am 6. Oktober 1762 von München über Passau und Linz kommend in Wien ein. Die von mehreren Auftritten begleitete Reise muss beschwerlich gewesen sein, denn der kleine Wolferl erkrankte an einem Katarrh: *„Wir hatten auf der Reise beständig Regen und viel Wind. Der Wolfgangerl hatte schon in Lintz einen Catharr, und aller Unordnung, frühen aufstehen, unordentlich Essen und Trincken Wind und Regen ohngeacht blieb er gott Lob gesund"*, schrieb Leopold Mozart an seinen Salzburger Freund Lorenz Hagenauer.

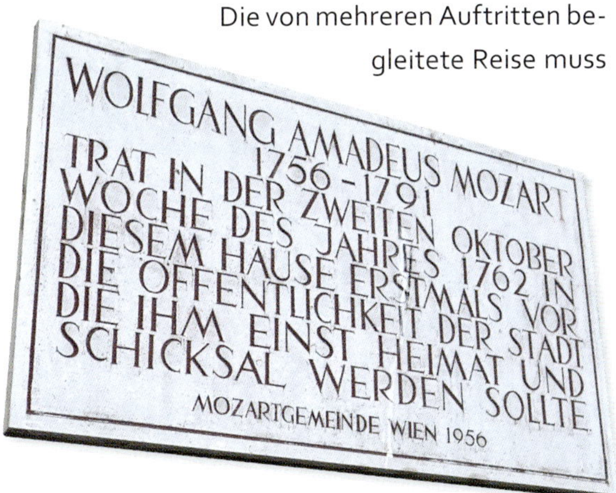

Gedenktafel am Palais Collalto

Viel Zeit blieb der Familie nicht, um sich von den Strapazen der Reise zu erholen. Denn schon wenige Tage nach der Ankunft erfolgte eine ganze Serie von Einladungen in adelige Häuser, in denen Wolfgang gemeinsam mit seiner Schwester musizieren sollte. Zunächst lud sie Graf Thomas Collalto in sein Palais – es war das erste öffentliche Konzert des damals sechsjährigen Wolfgangs in Wien. Und bereits am 13. Oktober, also nur sieben Tage nach ihrer Ankunft, wurden sie in Schloss Schönbrunn von Maria Theresia und dem Kaiser empfangen – Mozart soll auf dieses Ereignis sein Leben lang stolz gewesen sein.

Wolfgang und Nannerl durften im Spiegelsaal des Schlosses Schönbrunn der kaiserlichen Familie ihre Künste zeigen. Zugegen waren neben Kaiser Franz I. und Maria Theresia auch einige Kinder des Kaiserpaares, unter anderem Joseph, der spätere Joseph II., mit seiner gleichaltrigen Frau Isabella. Wolfgang und Nannerl spielten zuerst jeweils einzeln und dann vierhändig Klavier, Wolfgang auch Geige. Dann führte er eigene Kompositionen vor und sang schließlich zu Nannerls Klavierstücken noch einige Lieder.

Die außerordentliche Leistung der beiden Kinder konnte von der kaiserlichen Familie gut beurteilt werden, denn alle Kaiserkinder spielten mindestens ein Instrument, die Buben Violine oder Cello, die Mädchen Klavier, und sie hatten berühmte Musiker als Lehrer. Überliefert ist, dass Kaiser Franz I. Mozart als „kleinen Hexenmeister" bezeichnete – nachdem der Kaiser die Tasten mit einem schwarzen Tuch verdecken ließ und Wolfgang, ohne die Tasten sehen zu können, durch das Tuch hindurch spielte. Vater Leopold schrieb unverzüglich nach Salzburg: *„Der Wolferl ist der Kaiserin auf den Schoß gesprungen, hat sie um den Hals bekommen und rechtschaffen abgeküsst. Kurz, wir sind von drei bis sechs Uhr bei ihr gewesen."*

Leider blieb es bei Wolfgang Amadeus nicht bei dem eingangs erwähnten „Catharr" auf der Reise nach Wien. Als die Familie Mozart am 21. Oktober neuerlich nach Schönbrunn eingeladen wurde, erkrankte Wolfgang ernsthafter. Darüber berichtete Leopold Mozart an Lorenz Hagenauer am 30. Oktober 1762: *„Glück und Glanß, wie bald*

Wolfgang Amadeus Mozart mit Vater Leopold und Schwester (Stahlstich, 1856)

bricht ein Essig Krug! Ich dachte es fast, dass wir 14 Täge hintereinnander gar zu glücklich waren, Gott hat uns ein kleines Kreuz geschicket, und wir danken seiner unendlichen Güte, dass es noch so abgelauffen ist ... wie auch da er zu Bette gieng, klagte er s.v. den Hintern und die Füße. Als er im Bette war, untersuchte ich die orte, wo er Schmerzen zu füllen vorgab; und ich fand etliche Flecken in der Grösse eines Kreutzers, die sehr roth und etwas erhoben waren, auch bey dem Berühren im Schmerzen verursachten. Es waren aber nur an beiden Schinbeinen, an beiden Ellbogen und ein paar am Podex (Gesäß, Anm.)*; auch sehr wenig. Er hatte Hitzen, und wir gaben ihm Schwarz Pulver. Er schlief etwas unruhig. Den folgenden Freytag wiederholten wir die Pulver in der Frühe und Abends, und wir fanden, dass sich die Flecken mehr* *ausgebreitet hatten; sie waren obwohl größer doch nicht mehrer. Wir fuhren fort das Markgrafenpulver zu geben, und am Sonntag kam er in Schweiß, den wir uns gewunschen, denn bishero waren die Hitzen mehr Trucken ... Er bekam zu gleicher Zeit einen Stockzahn, das ihm eine Geschwulst in dem linken Backen verursachte. Die Herrschaften hatten nicht nur Gnade täglich sich um die Umstände des Buben zu erkundigen lassen, sondern sie befahlen ihn den Medico auf das eifrigste: so, dass der Doctor Bernhard, so heißt er, unmöglich mehr besorgt seyn könnte, als er wirklich ist. Entzwischen ist mir die Begebnheit ganz gering gerechnet, 50 Dukaten schad. Doch danke ich Gott unendlich, dass es so gelauffen: dann diese Scharlach- Flecken sind hier denen Kindern eine Mode Krankheit gefährlich: und ich hoffe, dass sich der Wolferl nun naturalisiert hat: denn nur die Luftveränderung war daran die Haupt Ursache.*"

Das im Schreiben des Vaters angeführte Markgrafenpulver (*Pulvis Marchionis, Pulvis Epilepticus Marchionis)* tauchte Mitte des 17. Jahrhunderts erstmals in Arzneibüchern auf. Hergestellt wurde die Pulvermischung in den Apotheken, die Ärzte verschrieben sie gegen Epilepsie, Katarrh und Entzündungen. Gemäß der „Neuen Apotheker Taxordnung" von 1744 kostete die Rezeptur zwölf Kreuzer.

Am Palais Collalto erinnert heute eine Gedenktafel an den ersten Wienaufenthalt der Familie Mozart. Sie wurde am 22. Juni 1956 von der Mozartgemeinde Wien enthüllt.

Treff 2 Judenplatz 3–4

„Ich gratuliere, Sie sind Groß-Papa!"

Constanze Weber und Wolfgang Amadeus Mozart lernten einander 1777 in Mannheim kennen. Zunächst verliebte sich Mozart in deren Schwester Aloisia. 1781 traf Mozart die inzwischen nach Wien übersiedelten „Weberischen" wieder – da war Aloisia schon mit dem deutschen Schauspieler Joseph Lange verheiratet. Am 4. August 1782 heirateten Constanze und Wolfgang.

Das Wohnhaus der Mozarts auf dem Judenplatz – sie bewohnten es von April bis Dezember 1783 – war ein seit Beginn des 15. Jahrhunderts nach-

Wolfgang Amadeus Mozart
(Heliogravüre nach einem Gemälde von Johann Heinrich Tischbein, um 1900)

weisbares Gebäude, das sich seit 1777 im Besitz des k.k. Caemmerers und Regierungsrat Hess Heinrich Graf von Heissenstamm befand. Als Mozart und Constanze in diesem Haus als Hauptmieter wohnten, erwartete Constanze ihr erstes Kind. Nachdem Mozart im Frühjahr dieses Jahres eine leichte Krankheit *(„einen Katarrh zum Andenken")* überwunden hatte, berichtete er dem Vater über das bevorstehende Ereignis. Am 17. Juni, um 6.30 Uhr früh, kam dann sein erstes Kind, Raimund Leopold, zur Welt: *„Ich gratuliere, Sie sind Groß-Papa! gestern Früh um halb 7:00 Uhr ist mein liebes Weib glücklich mit einem großen, starken und kugelrunden Buben entbunden worden."*

Judenplatz: Hier bezog Mozart 1783 und dann noch einmal 1789 eine Wohnung.

Constanze Mozart gebar ihrem Mann in ihrer etwas mehr als neun Jahre dauernden Ehe sechs Kinder, das erste zehn Monate nach der Hochzeit, das letzte vier Monate vor Mozarts Tod. Dem 1783 geborenen kleinen Raimund Mozart war aber kein langes Leben beschieden, schon am 19. August desselben Jahres starb er am „Gedärmfrais", während seine Eltern in Salzburg weilten. Von den übrigen Kindern Carl Thomas, Johann Thomas Leopold, Theresia Konstanzia, Anna Maria und Franz Xaver Wolfgang überlebten den Vater nur zwei Kinder, darunter Franz Xaver Wolfgang, der als Musiker vor allem in Lemberg tätig war und den während eines Kuraufenthalts in Karlsbad 1844 der Tod ereilte.

Der volksmedizinische Sammelbegriff „Freisen" (Frais) bezeichnete damals eine Reihe von Krankheiten, die man nicht wirklich unterscheiden konnte. Symptome waren furchterregende Anfälle, ähnlich den Epilepsien. Da man die Ursachen nicht kannte, hoffte man auf die Hilfe von Amuletten und Devotionalien. Sogenannte „Freisketten" waren Universalamulette, bei denen Heilsteine, Reliquien, Kreuze, Wolfgangihackel (Beil des heiligen Wolfgang), Neidfeige (Hand, bei der der Daumen zwischen Zeige- und Mittelfinger geklemmt wird), Korallen, Münzen, Spiegel und anderes an einer Kette aufgehängt wurden. Durch die Vielzahl der Einzelteile hoffte man, zumindest *einen* „Wirkstoff" gegen die entsprechende Krankheit zu finden. Für Kinder gab es Freisenhäubchen sowie von den Kapuzinerinnen des Salzburger Loreto-Klosters genähte Freisenhemdchen.

Mozart sollte übrigens ein weiteres Mal am Judenplatz Quartier beziehen: Anfang Jänner 1789 zog er in das Haus Nummer 245, das den Namen „Zur Mutter Gottes" führte und in unmittelbarer Nachbarschaft des Hauses Nummer 244, dem heutigen Judenplatz 3–4, stand. Beide Häuser sind aus dem heutigen Straßenbild bereits verschwunden. Die am Haus Judenplatz 3 angebrachte Gedenktafel verweist allerdings, unvollständigerweise, nur auf Mozarts Anwesenheit 1783. Die Tatsache, dass er etwa sechs Jahre später fast am selben Ort nochmals an diesem Platz wohnte, wird verschwiegen.

Treff 3 Milchgasse 1/Petersplatz 8

„Wenn ich alle Frauen heiraten müsste, mit denen ich gespaßt habe, so müsste ich leicht 200 Frauen haben."

Im Mai 1781 übersiedelte Mozart in das Haus zum „Auge Gottes, am Peter" in der heutigen Milchgasse 1 – das war gleich nach seinem spektakulären Abgang aus dem Deutschordenshaus, wo er in einem Streit mit seinem Arbeitgeber seine Anstellung verloren hatte (Näheres dazu folgt später). Hier vermietete eine gewisse Frau Weber – wir haben sie bereits an der vorangegangenen Station kennengelernt – preiswerte Zimmer. Sie war Witwe und Mutter von vier Töchtern (den Cousinen des Komponisten Carl Maria von Weber). Die Familie Weber umsorgte Mozart und bot diesem alle *„Comodite"*. Komponierte er, so wartete man mit dem Essen auf ihn. Es dauerte nicht lange, und Mozart verliebte sich in Constanze.

Eine der bekanntesten Opern von Mozart, die „Entführung aus dem Serail", enstand an der Adresse Milchgasse 1/Petersplatz 8, und die Hauptperson des Werks heißt nicht zufällig Constanze. Mozart ließ hier alle Gefühle für seine große Liebe einfließen. Die „Entführung aus dem Serail" wurde ein grandioser Erfolg, Mozart erhielt dafür allerdings nur das übliche geringe Honorar von 100 Gulden, nach heutigem Wert in etwa 3.000 Euro. Er brachte sich damals noch hauptsächlich mit Klavierstunden und Hauskonzerten durch.

Die von Anfang an gehegten Befürchtungen seines Vaters wegen eines unheilvollen Einflusses der „Weberischen" auf den Sohn versuchte Wolfgang Amadeus brieflich zu entkräften. Er schrieb im Sommer 1781 an seinen *„très cher Père"*, dass von Verliebtsein keine Rede wäre: *„ ... wenn ich mein Lebtag nicht ans Heiraten gedacht habe, so ist es gewiss jetzt ... weil ich ganz andere Dinge im Kopf habe. Gott hat mir mein Talent nicht gegeben damit ich es an eine Frau hänge ..."*. Und weiter: *„Wenn ich alle Frauen heiraten müsste, mit denen*

Gedenktafel am Haus Milchgasse 1/Petersplatz 8

ich gespaßt habe, so müsste ich leicht 200 Frauen haben."

Leopold Mozart machte kein Hehl daraus: Constanze Weber war nicht die gute Partie, die er sich für seinen Sohn wünschte. Doch von Salzburg aus waren ihm die Hände gebunden. Und Wolfgang ließ sich ohnehin nicht gerne dreinreden. Er liebte Constanze und wollte sie unbedingt heiraten. Doch der 25-Jährige sah sich mit Schwierigkeiten konfrontiert.

Zum einen traute er sich nicht, seinem Vater zu gestehen, wie es wirklich um ihn und Constanze Weber stand. Bis kurz vor der Hochzeit sollte er seinen Vater noch im Unklaren lassen und ihn zutiefst beunruhigen. Zum anderen stand er unter massivem Druck von Cäcilia Weber, der Mutter Constanzes, die sich von dieser Verbindung vor allem finanzielle Vorteile für sich selbst versprach.

Treff 4 Graben

„Im Trattnerischen Hause, zweite Stiege, im dritten Stock"

Wolfgang Amadeus Mozart zog aus der Milchgasse aus, als allgemein bekannt wurde, dass er und Constanze ein Verhältnis hatten. Im September

Constanze Mozart
(Gemälde von Hans Hansen, 1802)

1781 übersiedelte er eine Parallelstraße weiter auf den Graben, um so dem Gerede der Leute zu entgehen. In heutigen Haus Nummer 17 vollendete er die „Die Entführung aus dem Serail" sowie die „Haffner-Symphonie". Mit den Einnahmen aus der Oper konnte Mozart schließlich eine bescheidene Hochzeit finanzieren. Geheiratet wurde im Stephansdom. In der Wohnung blieb Mozart bis Juli 1782.

Die Ehe dürfte sehr glücklich gewesen sein. Das bezeugen zahlreiche Briefe Wolfgangs an sein geliebtes „Stanzerl". Da Mozart nie ohne sein „Weibchen" sein wollte, begleitete sie ihn auch auf vielen anstrengenden Reisen. Und sie bewältigte zehn mühsame Übersiedlungen. Die vielen Reisen und Übersiedlungen könnten mit ein Grund für die angegriffene Gesundheit Constanzes gewesen sein. Erstaunlicherweise wurde sie für die damalige Zeit uralt, nämlich 80 Jahre. Sie überlebte Mozart damit um 51 Jahre. Mit ihrem zweiten Gemahl, Georg Nikolaus von Nissen, verfasste sie später eine Mozart-Biografie.

Bereits verheiratet zog Mozart ein weiters Mal auf den Graben in den sogenannten „Trattnerhof". Von dem einst mächtigen Gebäudekomplex zeugt nur mehr der Name einer Gasse. Sie trennt die beiden Häuser Graben 29 und 29A und stellt die Verbindung zwischen dem Graben und der Goldschmiedgasse beziehungsweise dem Bauernmarkt her.

Das Ehepaar Mozart zog am 23. Januar 1784 für kurze Zeit in eine der vielen Wohnungen des ausgedehnten Gebäudekomplexes. Belegt ist diese Heimstatt durch einen Brief Mozarts, in dem er schrieb: *„ ... im Trattnerischen Hause, zweite Stiege, im dritten Stock"*.

Benannt ist der Trattnerhof nach dem Hofbuchdrucker und Buchhändler Johann Thomas Trattner, seit 1764 Edler von Trattnern. Dieser kaufte in den 1770er Jahren den damals bereits baufällig gewordenen Freisingerhof mit angrenzenden Häusern, ließ alles niederreißen und erbaute den für die damalige Zeit imponierenden Trattnerhof. Wohnraum für 600 Menschen soll er geboten und dementsprechend hohe Mieterträge eingebracht haben.

Mozart gab im Trattnerhof auch Konzerte. Es ist anzunehmen, dass Herr und Frau von Trattnern dem von ihnen verehrten Meister ihre Räume für seine Konzerte zur Verfügung gestellt haben. Die enge Beziehung der Trattners zu den Mozarts belegt auch die Tatsache, dass Johann Thomas von Trattnern als Taufpate für den in der Wohnung geborenen Carl Thomas – neben Franz Xaver Wolfgang das zweite den Vater überlebende Kind – fungierte.

Treff 5 Stephansplatz/Dom

„Das labile Gleichgewicht der Kräfte im Inneren des Körpers erschüttern."

Hier heirateten Wolfgang und Constanze am 4. August 1782 – ohne Aufgebot und ohne elterliche Genehmigung. Es war eine kleine, bescheidene Feier. Vater Leopold war sehr gegen die Verbindung, und es scheint, als hätte diese Entscheidung Wolfgangs das Verhältnis zwischen Vater und Sohn nachhaltig gestört. Der Bruch konnte nie mehr vollständig gekittet werden.

Im Stephansdom wurden zwei seiner Kinder getauft. Und in der sogenannten „Kruzifixkapelle" neben der Capistrankanzel an der Außenseite des Doms fand die unspektakuläre Totenfeier für den *„Compositeur"* Mozart statt. Von hier aus wurde Mozarts Leichnam zum Friedhof St. Marx – weit außerhalb der damaligen Stadt – gebracht.

Es ist immer wieder die Rede vom Armenbegräbnis Mozarts. Das gehört zu den viel verbreiteten Mythen über Mozart: unverstanden, arm und leidend, und niemand kam mit hinaus, weil es ein Wintergewitter gab ... Tatsächlich wurde Mozart nach der damals geltenden Josephinischen Begräbnisordnung beigesetzt – in einem „Schachtgrab", gemeinsam mit vier bis fünf weiteren Toten, ohne Grabkreuz oder Verabschiedung am Grab. Das war kein Armengrab, sondern eine Bestattung, wie sie für einen Großteil der Wiener Bevölkerung damals üblich war (Bestattung 3. Klasse – die 1. und 2. Klasse waren dem Adel und dem reichen Bürgertum vorbehalten). Es war damals üblich, dass der Leichnam in der Stadt eingesegnet und dann nur mit Totengräber ohne Trauergäste zum Friedhof geführt wurde. So war auch Constanze nur bis zum Stubentor mit dem Leichnam mitgegangen. Außerdem mussten die Leichentransporte nach Einbruch der Dunkelheit erfolgen.

Kruzifixkapelle: Hier fand die Totenfeier für den „Compositeur" Mozart statt.

Dass die Friedhöfe damals bereits außerhalb des Linienwalls lagen, sollte Krankheiten und Epidemien vermeiden. Die damals vorherrschende Erklärung zur Ausbreitung von Seuchen war die Miasmen-Theorie. Der griechische Begriff *„Miasma"* bedeutet Verunreinigung. Zu damaligen Zeit verstand man darunter eine *„krankheitsverursachende Materie, die durch faulige Luft entsteht"*. Man ging davon aus, dass sich die *„besudelte Luft"* über die Atemwege oder auch über die Haut, eventuell auch über die Nahrung, direkt auf den Menschen überträgt und ihn krank macht. Als Hauptansteckungsgefahr sah man die Fäulnisprozesse im Boden und in den stehenden Gewässern. Daher versuchte man, die Friedhöfe weit außerhalb der Stadt anzulegen. Gestank bedeutete Krankheitsgefahr und sollte daher, nach den damaligen Hygienevorstellungen, umgangen werden.

Zurück zu Mozarts Grabstätte: Constanze versuchte erst 17 Jahre nach dem Tod ihres Mannes, dessen Grab am St. Marxer Friedhof zu besuchen – wahrscheinlich im Zuge der Erstellung einer der ersten Biografien Mozarts durch ihren zweiten Mann Georg Nikolaus von Nissen, mit dem sie seit 1809 verheiratet war. Das soll auch nicht weiter verwundern, da es damals keinesfalls üblich war, weit entfernte Friedhöfe zu besuchen. Sie suchte vergeblich: 1801 war die Grabstätte ihres ersten Mannes umgegraben und gemäß den Gepflogenheiten nach zehn Jahren einer neuen Verwendung zugeführt worden. Da der Totengräber von damals bereits verstorben war, konnte Constanze nicht in Erfahrung bringen, wo sich das Grab ihres Mannes befand – nur die Reihe der im Jahr 1791 angelegten Gräber war noch bekannt.

Treff 6 Domgasse 5/Mozarthaus

„Dass dein Bruder ein schönes Quartier mit aller zum Haus gehörigen Auszeichnung hat …"

Im Februar 1785 besuchte Leopold Mozart seinen Sohn in Wien. Erstaunt über den Lebensstandard seines Sohnes schrieb er Wolfgangs Schwester nach Salzburg: *„Dass dein Bruder ein schönes Quartier mit aller zum Haus gehörigen Auszeichnung hat …"* Es ist dies die in Wien einzige noch erhaltene Wohnung Mozarts in der Domgasse 5 gleich hinter dem Stephansdom. Die Familie wohnte dort von Oktober 1784 bis April 1787.

Am Tag seiner Ankunft erlebte Leopold Mozart ein beeindruckendes Konzert. Wolfgang Amadeus Mozart vollendete sechs Streichquartette und widmete sie Joseph Haydn, der ihm gezeigt hatte, wie man für diese Besetzung komponiert. Als Wolfgang Amadeus sie in Anwesenheit seines Vaters spielte, war Haydn überwältigt: *„Ich sage Ihnen vor Gott, als ehrlicher Mann, Ihr Sohn ist der größte Komponist, den ich von Person und dem Namen nach kenne: er hat Geschmack und über das die größte Kompositionswissenschaft."*

Im April 1785 reiste Leopold von Wien ab, es war das letzte Mal, dass sich Vater

Mozarthaus in der Domgasse 5

und Sohn sahen – Leopold starb kurze Zeit später, am 28. Mai 1787, vermutlich an den Folgen eines Herzinfarkts. Die dabei heftig auftretenden Schmerzen veranlassten Joseph Barisani, einen Freund der Familie Mozart, zur ominösen Diagnose einer Milzverstopfung, ein Krankheitsbild, das heute in etwa dem Begriff eines Milzinfarkts entsprechen könnte. Aus der daraus zu vermutenden Schmerzausstrahlung lässt sich mit aller Vorsicht schließen, dass es sich um einen Hinterwandinfarkt gehandelt haben könnte.

Benannt ist das Haus Domgasse 5 nach Mozarts Oper „Die Hochzeit des Figaro". Mozart komponierte die Oper, die zu seinen populärsten zählt, im Jahr 1786. Ebenfalls im Figaro-Haus (weitgehend) entstand die Serenade für Streicher in G-Dur, KV 525, besser bekannt unter ihrem Beinamen „Eine kleine Nachtmusik".

Von der Domgasse lohnt ein kleiner Stopp zum Deutschordenshaus in der Singerstraße 7 – zumal es sowieso am Weg zur letzten Station, der Rauhensteingasse, liegt. Mozart wohnte hier nur sehr kurz, vom 16. März bis 2. Mai 1781. Der Komponist stand damals im Dienste der Erzbischofs Graf Colloredo, der in Salzburg lebte. Beim gemeinsamen Aufenthalt in Wien kam es zum Zerwürfnis der beiden. Colloredos Kammerherr Karl Joseph Felix Graf von Arco versuchte noch zu vermitteln, was

Vermutlich das Spielzimmer

Mozart in einem Brief an seinen Vater vom 9. Juni 1781 so schilderte: *„Was geht es ihn an, wenn ich meine Entlassung haben will? So soll er mit Gründen jemand zureden, oder die Sache gehen lassen wie sie geht, aber nicht mit Flegel und Bursche herumwerfen, und einen bei der Thüre durch einen Tritt im Arsch hinaus werfen."* Der zur Legende gewordene „Fußtritt" – falls er denn tatsächlich so passierte – führte zu Mozarts Selbstständigkeit als freischaffender Künstler und leitete damit eine Wende in der Musikgeschichte ein.

Treff 7 Rauhensteingasse 8

„Da der Tod der wahre Endzweck unseres Lebens ist, so habe ich mich seit ein paar Jahren mit diesem wahren, besten Freunde des Menschen so bekannt gemacht, dass sein Bild nicht allein nichts Schreckendes mehr für mich hat."

Vom 30. September 1790 bis zu seinem Tod am 5. Dezember 1791 bewohnte Mozart mit seiner Familie eine großzügige Wohnung in dem Haus, das bis 1847 an dieser Stelle stand.

Mozart war am Ende seiner Tage höchst erfolgreich und berühmt. Seine Musik wurde in ganz Europa aufgeführt, überall feierte er Erfolge. Er arbeitete fieberhaft, um lukrative Aufträge möglichst rasch zu erfüllen und so seine Schulden begleichen zu können, die sich trotz ausgezeichneter Einnahmen angesammelt hatten. Die Familie führte ein luxuriöses Leben. Die Ausbildung der Söhne, hohe Mieten, Constanzes mehrwöchige Kuraufenthalte in Baden, die Reisen, repräsentative Kleidung und angeblich auch Spielschulden mussten mit dem Komponieren eingespielt werden. Die beiden Opern „La Clemenza di Tito" und „Die Zauberflöte", das (unvollendete) Requiem sowie die „Freimaurerkantate" wurden unter anderem hier komponiert.

Es ranken sich viele Legenden rund um Mozarts Tod. Sehr wahrscheinlich war Constanze nicht ganz unschuldig daran. Sie stand nach dem Tod ihres Mannes mit zwei Kindern und den noch unbeglichenen Schulden da. Gemeinsam mit ihrer Schwester Aloisia Lange veranstaltete sie Konzerte. Diese ließen sich möglicherweise mit „Geschichten" besser vermarkten. Eine

Rauhensteingasse 8: Hier stand bis 1847 Mozarts Sterbehaus.

dieser Legenden handelte von einer Probe des Requiems, die noch am Sterbebett Mozarts stattgefunden haben soll: *„Sie waren bei den ersten Takten des ‚Lacrimosa', als Mozart heftig zu weinen anfing, die Partitur bei Seite legte und elf Stunden später, um ein Uhr nachts, verschied."* Es war die Nacht vom 4. auf den 5. Dezember 1791. Als Todesursache wurde *„Hitziges Friesel Fieber"* vermerkt. Constanze war es wichtig, das Requiem vollenden zu lassen, um den bereits erhaltenen Geldbetrag nicht rückerstatten zu müssen. Dafür beauftragte sie mehrere Schüler Mozarts, unter anderen Maximilian Stadler und Franz Xaver Süßmayer.

Bis heute ist Mozarts Tod für viele Mediziner Anlass zur Spekulation. *„Mozart wurde wahrscheinlich das Opfer eines akuten rheumatischen Fiebers"*, resümierte 2009 Faith Fitzgerald, Internistin an der University of California in Davis. Rheumatisches Fieber wird von Streptokokkenbakterien ausgelöst. Heute stellt diese Infektion keine Gefahr mehr dar, weil man sie mit Antibiotika behandeln kann, doch im 18. Jahrhundert konnten Menschen an der eigenen Immunreaktion auf die Bazillen sterben.

Ebenfalls 2009 gelangte der niederländische Wissenschaftler Richard Zegers nach akribischem Quellenstudium zur Erkenntnis, dass Mozart an einer Pharyngitis gelitten habe, einer Halsentzündung, die mit Krämpfen, Fieber, Ausschlag und Schwellungen am Hals einherging. Mozarts Schwägerin Sophie Haibel hatte diese Symptome jedenfalls so beschrieben. Einen weiteren Hinweis gibt das Wiener Totenregister für den Winter 1791, das mehrere Todesfälle aufgrund dieser Krankheit vermerkte. Die Diagnose von Zegers gilt in der Forschung als die wahrscheinlichste.

Hätten alle Mozart-Forscher mit ihren Diagnosen recht, wäre der Komponist mindestens 140 Tode gestorben – unter anderem an einer Streptokokkeninfektion, an Masern, Bauchtyphus, Tuberkulose, Fadenwürmern, Vergiftung durch Mykotoxine, Hirnblutung infolge einer Schädelfraktur, Herzmuskelentzündung, Vergiftung durch bleihaltigen Wein, Harnvergiftung durch Nierenversagen und rheumatisch-entzündlichem Fieber. Beliebt sind auch etliche Mordvarianten. So kam in den 1930er Jahren die Hypothese auf, Mozart sei von Juden, Freimaurern oder Jesuiten ermordet worden. Manche Forscher sind nach wie vor überzeugt, dass ihn sein Kontrahent Antonio Salieri vergiftet hat.

Kurz vor dem Tod des Vaters (am 28. Mai 1787) schrieb Wolfgang Amadeus am 4. April 1787 an diesen unter anderem: *„Da der Tod (genau zu nehmen) der wahre Endzweck unseres Lebens ist, so habe ich mich seit ein paar Jahren mit diesem wahren, besten Freunde des Menschen so bekannt gemacht, dass sein Bild nicht allein nichts Schreckendes mehr für mich hat, sondern recht viel Beruhigendes und Tröstendes! Und ich danke meinem Gott, dass er mir das Glück gegönnt hat, mir die Gelegenheit (Sie verstehen mich) zu verschaffen, ihn als den Schlüssel zu unserer wahren Glückseligkeit kennen zu lernen.*"

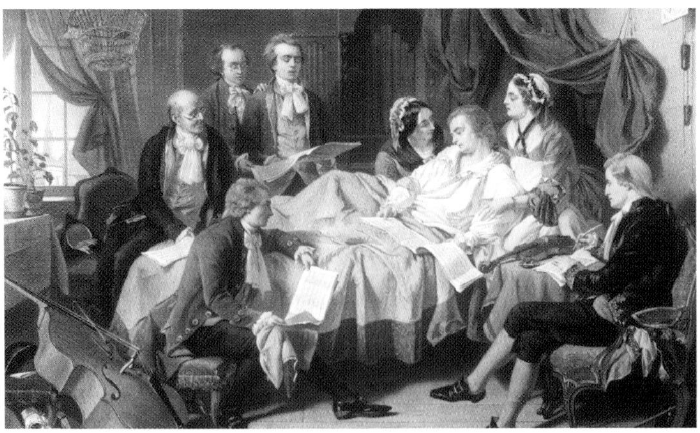

Mozart auf dem Totenbett (Aquatinta von Samuel Bellin nach einem Gemälde von Henry Nelson, 1862)

TOUR 7

VOM JOSEPHINUM ZUR MARIANNENGASSE

200 Jahre Medizingeschichte innerhalb eines Kilometers: Josephinum, Spanisches Hospital, Neue Kliniken, St. Anna Kinderspital, Sanatorium Loew, Poliklinik.

Heutzutage werden Chirurgen gerne als die Stars der medizinischen Zunft gesehen. Diese Vorrangstellung mussten sie sich aber erst mühsam erarbeiten, denn bis tief ins 18. Jahrhundert hinein galten Chirurgen als bloße Handwerker und den akademisch ausgebildeten Ärzten als keineswegs ebenbürtig.

Gleiche mehrere Berufsgruppen können die Anfänge der Chirurgie für sich beanspruchen. Da gab es einmal die Bader, die in ihren mittelalterlichen Badestuben abseits der Körperhygiene auch medizinische Leistungen anboten, wie beispielsweise die Entfernung kleinerer Geschwülste, das Schröpfen, Aderlässe und Zahnextraktionen. Damit überschnitten sich ihre Tätigkeiten mit jenen von Wundärzten – die zudem auch noch Knochenbrüche versorgten sowie Starstiche, Blasensteinoperationen und Amputationen durchführten. Beiden, nämlich Badern und Wundärzten gemeinsam waren Kenntnisse der (Wund-) Arzneikunst (die übrigens vielfach auch die Scharfrichter besaßen). Zu den Aufgaben eines Baders wiederum gehörten auch Rasuren und Haarschnitte, vor allem dann, wenn kein Barbier zur Hand war. Die exakte Abgrenzung zwischen den im Mittelalter tätigen Wundärzten, Badern und Barbieren wird zudem noch durch den Umstand erschwert, dass es

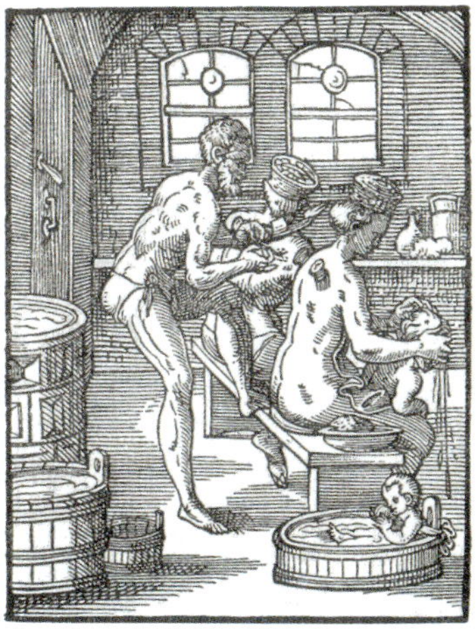

Der Bader (Holzschnitt aus Jost Ammans *„Eygentliche Beschreibung aller Stände …"*, 1568)

dazu auch unterschiedliche regionale Ausprägungen gab. Die französische Bezeichnung eines Baders lautete beispielsweise *„barbier-chirurgien"*. Gemeinhin gelten Bader jedenfalls als die Vorläufer der Wundärzte.

Eine erste Annäherung an die universitäre Ausbildung und damit Gleichstellung mit den Ärzten fand in Wien 1517 statt, als sich Wundärzte an der Medizinischen Fakultät einer Prüfung unterziehen mussten. Diese fand vor einer Kommission statt, die aus an einer Medizinischen Fakultät ausgebildeten Buch- und Wundärzten zusammengesetzt war. Im selben Jahr wurden zudem die Berufe des Baders und des Barbiers erstmals als getrennte Berufsgruppen geführt.

Weitere (zaghafte) Reformen der Überprüfungen gab es unter Ferdinand I. (1503–1564), der eine neue Studienverordnung durchsetzte. Demnach oblag nun auch die Prüfung der Bader einer Medizinischen Fakultät – und nicht mehr den Zünften. Trotzdem: Sowohl Wundärzten als auch Badern wurde der Status als „Heilkundige" nach wie vor verwehrt, sie übten weiterhin ein Handwerk aus.

Im 16. Jahrhundert begann sich der Begriff der Chirurgie dennoch allmählich durchzusetzen. Der erste namentlich erwähnte Chirurg an der Wiener Medizinischen Fakultät war ein gewisser Franz Emerich. Zu dieser Zeit dauerte die chirurgische Ausbildung immerhin bereits zwischen drei und vier Jahren. Doch erst im 18. Jahrhundert wurden die Begriffe Chirurg und Wundarzt weitgehend gleichgesetzt.

Es war Joseph II. (dem wir schon so oft bei unseren Rundgängen begegnet sind) vorbehalten, die entscheidenden Impulse zu setzen, indem er eine einheitliche chirurgische Ausbildung für

Büste von Joseph II. im Josephinum

Wundärzte für das gesamte Reich andachte. Die Chirurgie sollte ein eigenes Studium werden, mit einem Abschluss in der Heilkunst. Dafür gründete er 1785 die „Medizinisch-Chirurgische Josephs-Akademie" zur Ausbildung von Ärzten und Wundärzten für die Armee. Ihre Heimstatt war das Josephinum.

Treff 1 Josephinum

Der Weg vom Feldchirurgen zum Arzt.

Joseph II. wollte die Ausbildung der künftigen Militärärzte komplett neu organisieren. Die Reformen waren eng mit seinem Leibchirurgen Giovanni Alessandro Brambilla verbunden. Brambilla begleitete den späteren Kaiser und Sohn Maria Theresias auf dessen Reisen, zum Beispiel nach Paris zu Marie Antoinette (siehe auch Seite 90 f.). Dabei konnte sich Brambilla fachlich mit den führenden Chirurgen Frankreichs austauschen. Er erkannte den eher schlechten Zustand des österreichischen Feldsanitätswesens und zögerte auch nicht, Joseph II. entsprechend zu informieren. Somit hatte der Kaiser bei seinem Amtsantritt ziemlich klare Vorstellungen davon, wie das Sanitätswesen beziehungsweise die medizinische Versorgung in Zukunft ausschauen sollte.

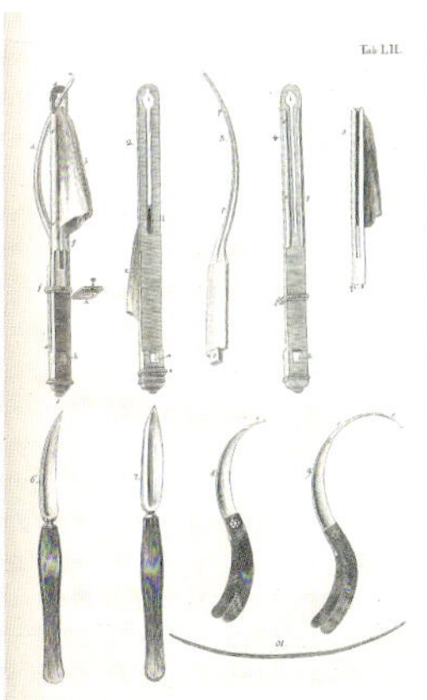

Links: Giovanni Alessandro Brambilla (Kupferstich von Jacob Adam nach einer Zeichnung von Joann Baptista Lampi, 1784), rechts: *„Instrumentarium Chirurgicum Viennese"* (gedruckt bei Matthias Andreas Schmidt, 1781)

Für den neuen Ausbildungsort der künftigen Chirurgen wurde ein Grundstück in der Alser Vorstadt angekauft. Der Hofarchitekt Isidore Canevale wurde beauftragt, einen Zweckbau in klassizistischer Bauweise zu errichten. Er orientierte sich dabei an den „Josephinischen Vorstellungen" des goldenen Schnitts. Joseph II. liebte die „Revolutionsarchitektur" und war begeistert von einer klaren Formensprache ohne jeden Zierrat.

Im Josephinum sollte nach einem neuen Lehrplan unterrichtet werden – zunächst Anatomie, Physiologie und Pathologie. Somit war es ein kluger Gedanke von Joseph II., gleich hinter dem Josephinum das Garnisonsspital erbauen zu lassen. Die angehenden kaiserlichen Feldchirurgen hatten solcherart genügend Gelegenheit, auch praktische Erfahrungen zu sammeln. Bis zur Gründung der „Medizinisch-Chirurgischen Josephs-Akademie" konnten die Feldärzte nur Wunden versorgen. Joseph II. aber wollte, dass sie zusätzlich zur Feldchirurgie künftig eine umfassende medizinische Ausbildung erhalten. Damit sollten sie auch die Angehörigen der Soldaten medizinisch versorgen können – insbesondere internistisch.

Die „Medizinisch-Chirurgische Josephs-Akademie", kurz Josephinum, wurde mit einer Festrede Brambillas 1785 eröffnet: *„ ... Will also jemand ein Arzt oder Chirurgus werden, so muß er sich in beyden Fällen die Heilkunde in ihrem ganzen Umfange bekannt machen; denn so verdient auch im Gegentheil kein Wundarzt diesen Namen, wenn er nicht die Medizin aus dem Grunde studirt hat."* Anwesend waren alle Mitglieder der Medizinischen Fakultät, was hohe Bedeutung hatte, erhofften sich doch sowohl Brambilla als auch Joseph II. letztlich eine Zusammenführung ihrer Lehranstalt mit der Universität. Von Erfolg gekrönt war das Vorhaben leider nicht, denn beide Einrichtungen begegneten sich mit großem Misstrauen – um nicht sogar zu sagen: feindlich. Daran war freilich Brambilla nicht ganz unschuldig. Zu sehr stellte er nämlich bei seiner Rede die Erfolge der Chirurgen den Misserfolgen der Ärzte für Innere Medizin gegenüber. Das Missfallen der Ärzte war damit gleichsam vorprogrammiert.

Josephinum

Erwähnenswert ist bis heute Brambillas Katalog *„Instrumentarium Chirurgicum Viennese"*, in dem er 600 moderne chirurgische Instrumente beschrieb, inklusive Verbesserungsvorschläge für deren Erstellung.

An das frühere Garnisonsspital erinnert nur noch die Garnisongasse. Das

Gebäude der „Medizinisch-Chirurgischen Josephs-Akademie" steht aber heute noch in unveränderter Pracht. Seit 1920 befindet sich hier das Institut für Geschichte der Medizin einschließlich dessen Museum. Zahlreiche Dokumente, Bilder, Bücher und Objekte illustrieren die Entwicklung der Medizin in Wien seit der Mitte des 18. Jahrhunderts.

Unbestrittener Höhepunkt des Museums ist die Sammlung anatomischer Wachsmodelle, die zu den besten ihrer Art zählen. Gemeinsam mit Brambilla besuchte Joseph II. 1775 seinen Bruder, den Großherzog der Toskana Pietro Leopoldo, später Kaiser Leopold II. In Florenz sah Joseph II. erstmals Wachsmodelle, von deren Schönheit, aber auch Zweckmäßigkeit für den anatomischen Unterricht er ungemein beeindruckt war. Auch der Kaiser wollte nun solche Modelle für den Unterricht an seiner Akademie.

Insgesamt 1.192 Wachsmodelle wurden in Florenz bestellt, und im August 1786 schrieb Joseph II. euphorisch an seinen Bruder nach Florenz, dass die Präparate unversehrt in Wien angekommen waren.

Die Wachsmodelle, ausgestattet mit Glasaugen, echtem Haar und auch Wimpern, sind absolute Kunstwerke. Ihre Anfertigung war äußerst aufwendig: Zunächst wurde eine Abbildung einer Körperregion oder eines Organs angefertigt. Dann wurde diese aus Ton modelliert und eine Gipsschablone angefertigt, die als Negativform für das Wachs diente. Anschließend wurde das Wachs in verschiedenen Schichten in die Modelle gegossen. Zum Schluss

Exponat der berühmten Wachsfigurensammlung im Josephinum

kam die Nachbearbeitung: Oberflächen polieren, Pigmente einreiben et cetera. 16 Handwerker arbeiteten sechs Jahre lang an diesem Auftrag.

Unglaublich war auch die Reise der Wachsmodelle: Mit Maultieren und Trägern wurden die Kisten von Florenz über den Brenner nach Linz gebracht. Anschließend ging es mit dem Schiff bis nach Wien.

Untergebracht sind die Wachsmodelle auch heute noch größtenteils in ihren Original-Rosenholz-Glasvitrinen aus dem 18. Jahrhundert.

Treff 2 Boltzmanngasse

Die Perkussionstechnik erblickt das Licht der Welt.

Als Karl VI. (1645–1740), Vater der späteren Kaiserin Maria Theresia, nach dem Spanischen Erbfolgekrieg Barcelona verlassen musste, folgten ihm viele seiner spanischen Anhänger ins Exil. Karl blieb den von ihm beanspruchten spanischen Ländern aber ein Leben lang verbunden, wie auch die Stiftungsurkunde des Spanischen Hofspitals bezeugt: „*... für kranke Spanier, Neapolitaner, Sizilianer, Mayländer und Niederländer, ingleichen vor diejenigen Teutschen, welche spanische und andere vorher erzehlten Nationen Weiber geheyratet, oder von spanischen, und dergleichen Eltern in Teutschland geboren sind.*"

Das ehemalige Spanische Hofspital beherbergt heute das Erzbischöfliche Priesterseminar.

Das von Karl VI. 1717 gegründete Spanische Hofspital mit 90 Betten befand sich an der Adresse des Hauses Boltzmanngasse 9. Geleitet wurde es vom Orden der Mercedarier. Sie trugen einen weißen Habit und wurden daher in Wien „Weißspanier" genannt. Sechs Geistliche kümmerten sich um die Kranken. Sie mussten die spanische, italienische, niederländische und italienische Sprache beherrschen. Eine Generation später wurde das Spital dann auch für die Versorgung von Soldaten benutzt. Maria Theresia ließ das Spital vergrößern, indem sie ein zweites Stockwerk in Auftrag gab.

Zu dieser Zeit wirkte hier Leopold Auenbrugger – Schüler von Gerard van Swieten und einer der renommiertesten Ärzte der „Ersten Wiener Medizinischen Schule". Er entdeckte unter anderem, dass Schallunterschiede entstehen, wenn man an unterschiedliche Stellen des Brustkorbs schlägt. Somit war die Perkussionstechnik geboren, die Josef von Škoda im 19. Jahrhundert dann weiterentwickeln sollte. 1761 publizierte Auenbrugger seine Arbeit unter dem Titel *„Inventum novum ex percussione thoracis humani ut signo abstrusos interni pectoris morbos detegendi"* (*„Neue Erfindung mittels Anschlagens an den menschlichen Brustkorb, als ein Zeichen, um verborgene Brustkrankheiten zu entdecken*"). 1784 wurden die Kranken aus dem Spanischen Hofspital in das neue Zentralkrankhaus überführt. Heute ist in dem Gebäude das Erzbischöfliche Priesterseminar untergebracht.

Es lohnt, noch ein paar Schritte stadteinwärts zur Ecke Boltzmanngasse 1/ Währinger Straße zu gehen, zum heutigen Chemischen Institut der Universität Wien. Früher befanden sich hier ein Armensiechenhaus, das sogenannte „Bäckenhäusl", sowie der dazugehörige Friedhof. Der Name kommt wahrscheinlich von einer Säule, die damals an der Kreuzung stand und von einem Bäcker gestiftet worden war. Zu besichtigen ist sie heute noch im Innenhof des Gebäudes der Bäckerinnung in der Florianigasse 13 im 8. Bezirk.

Die ersten dokumentierten Krankenversorgungen fanden im Pestjahr 1679 statt. Ursprünglich hatte das Bäckenhäusl eine Quarantänefunktion. Bei Überfüllung des in der Nähe der Kärntnerstraße gelegenen Bürgerspitals lagerte man immer wieder Kranke hierher aus. 1708 wurde dann ein zweites Stockwerk aufgesetzt, sodass nun acht Stuben für insgesamt 160 Patientinnen und Patienten zur Verfügung standen.

Während der Pestepidemie 1712 wurden schwangere Frauen, die mit Pestkranken in Berührung gekommen waren, im Bäckenhäusl isoliert. Ab 1750 diente es dann ausschließlich als Spital und nahm vor allem Kranke auf, die an verschiedenen Fieberzuständen litten. In dieser Zeit arbeitete hier Anton Störck, der die Position eines „Ersten Physikus" im Spital innehatte. Störck konnte schon als junger Arzt auf seine Erfolge aufmerksam machen.

1760, da war er gerade einmal 29 Jahre alt, erlangte er die Stellung eines „k. k. Leibmedicus". 1767 ernannte ihn Maria Theresia zu ihrem Leibarzt, nachdem er sie erfolgreich von den Pocken geheilt hatte.

Nach dem Bau des Allgemeinen Krankenhauses (AKH) 1784 diente das Bäckenhäusl wieder als „Siechenhaus" für unheilbar Kranke und „Irre", danach wurde es zum allgemeinen Versorgungshaus und ab 1842 wiederum ein Armenfürsorgehaus.

1868 wurde es aufgelassen und 1907 folgte der Abriss des Hauses.

Treff 3 Sensengasse/Spitalgasse

Die Pathologie als Wissenschaft im Dienst der Klinik.

Viele Wienerinnen und Wiener glauben, dass sich der Name Sensengasse von dem 1805 gegründeten Institut für Gerichtliche Medizin (Sensengasse 2) herleiten lässt. Tatsächlich bezieht sich der Name aber auf die vielen Friedhöfe, die es früher hier gab, beispielsweise der Friedhof des Großarmenhauses Ecke Sensengasse/Spitalgasse oder, etwas weiter dahinter, der Friedhof von den Schotten und vom Spanischen Hofspital. Deshalb nannte man die Gasse früher auch das „Todtengässl".

Die Sensengasse mündet, von der Boltzmanngasse kommend, in die Spitalgasse. Wenn Sie das Tor auf Höhe Nummer 4 ansteuern, gelangen Sie in den Hof 10 des alten AKH, den sogenannten „Indigandishof". Hier befand sich bis 1991 das Pathologisch-anatomische Institut, untrennbar mit dem Namen Carl von Rokitansky verbunden. Im Giebel trägt das Gebäude die Widmung *„Indigandis sedibus et causis morborum"* (*„Der Erforschung des Sitzes und der Ursache der Erkrankungen"*), daher auch die Namensgebung des Hofs.

Rokitansky, einer der Begründer der „Zweiten Wiener Medizinischen Schu-

Ehemaliges Pathologisch-anatomisches Institut

Ehemalige Frauenkliniken

le", erkannte als erster, dass die damals noch wenig beachtete Pathologie als Wissenschaft im Dienst der Klinik stehen müsse. Die durch seine Leichenöffnungen gewonnenen Erkenntnisse kamen nicht nur den Internisten zugute, sondern auch den Chirurgen, den Frauenärzten und vielen weiteren Disziplinen. Vor dem Bau des Gebäudes 1862 stand hier eine Baracke, in der Rokitansky seine Autopsien durchführte (siehe auch Seite 50 f.).

Karl Landsteiner arbeitete von 1898 bis 1908 am Pathologisch-anatomischen Institut als Assistent und hat in diesem Gebäude Weltruhm erlangt. Hier entdeckte er die verschiedenen Blutgruppen. Dafür erhielt er 1930 den Nobelpreis für Medizin (siehe auch Seite 52).

Seit 2000 ist im ehemaligen Gebäude des Pathologisch-anatomischen Instituts das Zentrum für Hirnforschung untergebracht.

Wenn Sie weiter in Richtung Hof 6 gehen, kommen Sie direkt zum Narrenturm mit seinem Patholgisch-anatomischen Museum und könnten mit dem dritten Rundgang fortsetzen (Seite 65). Wir aber gehen wieder zurück in die Spitalgasse und wenden uns den „Neuen Kliniken" zu.

Auch wenn Joseph II. mit dem alten AKH 1784 einen äußerst ausgedehnten und großzügigen Gebäudekomplex erschaffen hatte, war etwas mehr als 100 Jahre danach bereits klar, dass – auch aufgrund der zahlreichen medizinischen Errungenschaften, Stichwort: „Zweite Wiener Medizinische Schule" – mit dem bestehenden Raumangebot nicht mehr das Auslangen gefunden werden konnte, um einen modernen Spitalsbetrieb aufrechterhalten zu können. Am 21. Juni 1904 erfolgte daher durch Kaiser Franz Joseph die Grundsteinlegung für die „Neuen Kliniken" Ecke Spitalgasse/Lazarettgasse.

Hier befanden sich die beiden 1908 eröffneten Frauenkliniken, damals die größten und modernsten ihrer Zeit. Architekt war Franz Berger, der für eine

Reihe von Wohlfahrtsanstalten in Wien verantwortlich zeichnete, zum Beispiel für das Psychiatrische Krankenhaus Steinhof (Überarbeitung der Pavillonanordnung durch Otto Wagner, siehe auch Seite 67).

Die beiden Frauenkliniken sind als Jugendstilbauten klassische Beispiele secessionistischer Zweckarchitektur: So gab es durch Aufzüge erreichbare Flachdächer, die Patientinnen und Personal zur Erholung nutzen konnten.

Nur mit einem Schlüssel zu besichtigen: Die Kirche am Areal des AKH

Zwischen den beiden ehemaligen Frauenkliniken befindet sich die ehemalige Materialkanzlei mit angebauter Kirche, eine von Steinpfeilern gestützte Säulenhalle mit Kreuzrippengewölbe und im ersten Obergeschoss ein glasüberdachter Innenhof. Ein Denkmal hinter der Kirche erinnert an den „Retter der Mütter" Ignaz Philip Semmelweis (siehe auch Seite 57 f.).

Eine weitere Büste erinnert an Ludwig Türck, Neuropathologe und Mitbegründer der modernen Hals-, Nasen- und Ohrenheilkunde. Er gilt als Pionier der Laryngologie, teilte aber ein nicht unähnliches Schicksal mit Semmelweis – seine Leistungen wurden während seines Lebens nicht wirklich anerkannt. Im Sommer 1857 experimentierte Türck mit selbst konstruierten kleinen Spiegeln an Patientinnen und Patienten seiner Abteilung im AKH. Für seine laryngoskopischen Untersuchungen diente ihm die Sonne als Lichtquelle. Mit Beginn des Winters unterbrach er daher seine Versuche aus Mangel an Sonnenlicht und borgte – als dieser ihn darum bat – seine Untersuchungsinstrumente dem Physiologen Nepomuk Czermak. Die böse Erkenntnis folgte am 27. März 1858: Da

Büste Ludwig Türcks

war in der *„Wiener Medizinischen Wochenschrift"* zu lesen, was Czermak mit Türcks Instrumenten während des Winters mit künstlicher Beleuchtung am eigenen Kehlkopf beobachtet und worüber er den Leihgeber schlicht und ergreifend nicht informiert hatte. Cermak – redegewandt, erfinderisch und technisch äußerst versiert – galt damit als Begründer der Laryngoskopie. Türck mit seiner eher bedächtigen und vorsichtigen Art hatte dem nichts mehr entgegenzusetzen.

In die Medizingeschichte ging der Disput mit Cermak als der „Türckenkrieg" ein.

Treff 4 Lazarettgasse

Renommierte Kaltwasserheilanstalt mit Mineralquellen.

Wo heute die beiden großen AKH-Blöcke stehen, befand sich einst die „Irrenheilanstalt auf dem Brünnlfeld". 1848 begann Ferdinand Fellner mit der Realisierung der Bauten für insgesamt 850 Patientinnen und Patienten auf einem weitläufigen Areal und umgeben von einem Park. Das architektonische Konzept verfügte bereits über alle wichtigen Einrichtungen: Es war ein sehr moderner Bau mit Fließwasser, Schwimmbädern, Obstgärten, Bibliothek und Wohnungen für das Personal.

Die „wasserreiche Ausstattung" kam nicht von ungefähr: Auf dem Areal, das zwischen dem Krankenhaus und dem Linienwall, heute Lazarettgasse 14, gelegen war, wurde schon 1391 ein

Einer der beiden großen AKH-Blöcke

Bad nachgewiesen, das aus den hier entspringenden heilkräftigen Quellen gespeist wurde („Goldbrünnl"). Eine in historischen Quellen erwähnte, am Areal gefundene „steinerne Badewanne" könnte sogar den Schluss zulassen, dass bereits die Römer das Bad kannten. Wahrscheinlicher ist aber, dass es sich bei dem leider nicht erhaltenen Fund lediglich um einen römischen Sarkophag handelte.

1676 wurde von einem „Brünnlbad im Pleygarten am Alsbach" berichtet. Um 1830 fand sich das Brünnlbad in zeitgenössischen Plänen auf Höhe Lazarettgasse 16. Der Baedeker erwähnte es 1880 als *"renommierte Kaltwasserheilanstalt mit Mineralquellen"*.

1898 wurde das Brünnlbad dann auf Höhe Borschkegasse 4 neu errichtet. Geschuldet war dies dem Umstand, dass die inzwischen bergwärts gewanderte Quelle neu gefasst werden musste. Die Anstalt umfasste eine Winterschwimmschule, ein Dampfbad sowie 40 Wannenbäder. Gespeist wurden die Bäder vom einem 160 Meter tiefen Brunnen.

Der Zweite Weltkrieg bedeutete für das Brünnlbad eine Zäsur. Zwar wurde es – nach schweren Beschädigungen im Krieg – am 18. April 1946 wiedereröffnet. Den stetigen Verfall konnte das aber nicht mehr aufhalten. 1957 wurde das Gebäude schließlich verkauft. Danach diente es als Werkstätten- und Lagerraum. Nur mehr die oberen Stockwerke wurden von der benachbarten Fangoheilanstalt benutzt.

Unmittelbar vor der Stelle, an der bis 1898 das alte Brünnlbad lag, befindet sich heute das Privatsanatorium „Goldenes Kreuz" (Lazarettgasse 16–18). 1910 wurde in der Vollversammlung des „NÖ Landesvereins vom Goldenen Kreuze" die Errichtung eines Spitals für die Beamtenschaft diskutiert. Daraufhin stiftete Therese Wieser, Ehrenmitglied des Goldenen Kreuzes, einen Betrag von 501.000 Kronen, nach heutigem Wert in etwa 2,5 Millionen Euro, zur Errichtung und Erhaltung eines Spitals des Landesvereins in Wien für Staatsbeamte und deren nächste Angehörige. Da das Gesamterfordernis jedoch auf 750.000 Kronen geschätzt wurde, entschloss man sich zum Ankauf des bestehenden Gebäudes Lazarettgasse 16. Therese Wieser stockte daraufhin ihre Widmung um 138.000 Kronen auf. Das neue Spital sollte den Namen „Heinrich und Therese Wieser'sches Staatsbeamtenspital des Landesvereines vom Goldenen Kreuze in Wien" tragen und 31 Krankenzimmer mit 45 Betten enthalten. Zu Beginn des Ersten Weltkriegs war das Spital fertiggestellt und diente gleich als Kriegslazarett. Trotz hoher finanzieller Verluste durch die Zeichnung von Kriegsanleihen wurde das Spital 1919 für Beamte wiedereröffnet. Zur Verbesserung der Auslastung wurde jedoch eine Gebärabteilung eingerichtet.

Heute präsentiert sich das „Goldene Kreuz" als modernes Zentrum für Frauenmedizin.

Treff 5 St. Anna Kinderspital

Sozial engagierte Grundversorgung trifft medizinische Forschung.

Mit seiner Inbetriebnahme 1837 ist das St. Anna Kinderspital das älteste österreichische Krankenhaus, das ausschließlich auf Kinder und Jugendliche spezialisiert ist. Gegründet wurde es von Ludwig Wilhelm Mauthner von Mauthstein, einem ungarisch-österreichischen Arzt, der 1831 an der „Medizinisch-Chirurgischen Josephs-Akademie" promoviert hatte und anfangs als Oberfeldarzt am Josephinum tätig gwesen war. Er war Mitglied der Wiener Medizinischen Fakultät, Chirurg und ein Art „Volksarzt". Seine Anliegen waren sowohl die Verbesserung der medizinischen Fürsorge für akut erkrankte Kinder armer Eltern als auch das wissenschaftliche Interesse an den Krankheiten im Kindesalter. Diese Verbindung von sozial engagierter Grundversorgung und medizinischer Forschung blieb für die Entwicklung des Spitals bestimmend.

1837 startete das nach Maria Anna, der Frau von Kaiser Ferdinand I. dem „Gütigen", benannte Spital – nach ihr ist auch die Mariannengasse benannt –

St. Anna Kinderspital (Aquarell von Ernst Graner, 1905)

Ludwig Wilhelm Mauthner von Mauthstein (Lithografie von Josef Kniehuber, 1846)

in der nahegelegenen Vorstadt Schottenfeld mit zwölf Betten. Mauthner bezahlte die Miete für das Haus, die Kosten für einen Assistenzarzt sowie zwei Krankenschwestern und bestritt selbst die Verpflegungs- und Heilmittelkosten, um unentgeltliche Pflege und ärztliche Behandlung garantieren zu können.

Spenden ermöglichten 1840 bereits eine Erweiterung auf 20 Betten, Räume für ambulante Behandlungen sowie ein „Ausschlagszimmer". Mauthner erhielt zudem die Bewilligung zur Behandlung zahlender Patientinnen und Patienten, aber noch keine regelmäßige Unterstützung aus öffentlichen Geldern.

1842 bildete sich ein Wohlfahrtsverein, der die Finanzierung des Spitals durch Mitgliedsbeiträge und Spenden übernahm. Nachdem 1843 eine neuerliche Erweiterung auf 36 Betten und mehr Isoliermöglichkeiten für bestimmte Krankheiten gelangen, zeigte sich sehr bald, dass auch diese neuen Räumlichkeiten nicht mehr ausreichten. 1848 erfolgte der Neubau in der Kinderspitalsgasse 6 – der Bau ist heute noch der Kern des Spitals.

Um die frühe Bedeutung des Kinderspitals wirklich ermessen zu können, genügt ein Blick auf die damaligen Mortalitätszahlen: Zwischen 1837 und 1855 starben fast 25 Prozent der Kinder. Ruhr, Cholera und Tuberkulose hatten Sterblichkeitsraten zwischen 47 und 64 Prozent, und auch an Scharlach, Blattern oder Masern starb ein Viertel bis ein Drittel der erkrankten Kinder.

Problematisch waren damals vor allem die fehlenden Isoliermöglichkeiten bei sehr ansteckenden Kinderkrankheiten. Endes des 19. Jahrhunderts wüteten Diphtherie und Scharlach als Epidemien katastrophalen Ausmaßes. Es ist das Verdienst des St. Anna Kinderspitals, mit der Errichtung eines Diphtheriepavillons 1893 und eines Scharlachpavillons 1885 die Weichen für eine deutliche Verbesserung der Situation gestellt zu haben. Anfang des 20. Jahrhunderts wurde eine Säuglingsstation eingerichtet, die über spezielle Isolierkammern mit eigener Luftversorgung verfügte, ebenso wurde damals eine Schwesternschule eingerichtet.

Die Kriegs- und Nachkriegsjahre Anfang des 20. Jahrhunderts führten fast zur Schließung des Spitals. Das Vereinsvermögen, angelegt in Kriegsanleihen, verfiel.

Und auch der Zweite Weltkrieg hinterließ dramatische Spuren: Nur unter schwierigsten Bedingungen wurde auch während der Kampfhandlungen ein Notbetrieb fortgeführt.

1963 ging das Spital ins Eigentum des Wiener Roten Kreuzes über, subventioniert wurde es durch die Gemeinde Wien. 1983 eröffnete anstelle der alten Scharlach- und Diphtheriepavillons ein neuer Pflegetrakt. Das alte Spitalsgebäude wurde zum Ambulanz- und Verwaltungstrakt. 1988 wurde im Dachgeschoß das Forschungsinstitut für krebskranke Kinder eingerichtet.

Treff 6 Mariannengasse

Vorlagen für Schnitzlers „Professor Bernhardi".

Wer hier unterwegs ist, stößt vorerst einmal auf den Namen Anton Loew.

Der 1847 in Pressburg geborene und 1871 promovierte Loew war ein außerordentlich erfolgreicher Arzt, der mehreren Sanatorien vorstand, unter anderem der „Frauenheilanstalt des Sanatoriums Loew" in der nahegelegenen Pelikangasse 15 (heute „Wiener Privatklinik") sowie dem „Sanatorium Loew" in der Mariannengasse 20.

Ehemaliges Sanatorium Loew

Als erstes Privatsanatorium für chirurgische Erkrankungen umfasste das 1882 eröffnete „Sanatorium Loew" vorerst 36 Betten. Erweitert wurde die Kapazität 1894 und dann nochmals 1906 auf insgesamt 90 Betten. Im Souterrain befanden sich ein Turnsaal sowie ein Laboratorium für bakteriologische und histologische Untersuchungen. 1905 wurde das Sanatorium Loew in eine Aktiengesellschaft umgewandelt, die 1906 ein angrenzendes Haus als interne Abteilung mit mehrräumigen Appartements adaptierte und 1907 drei weitere Häuser erwarb, die in den Sanatoriumsbetrieb integriert wurden. Neu geschaffen wurden weiters eine gynäkologisch-geburtshilfliche Abteilung mit 30 Einzelzimmern, zwei eigenen Operationssälen, Entbindungs- und Kinderzimmern sowie einer Boxenstation und zusätzlichem Wohnraum für 50 Schwestern der Kongregation der „Töchter des göttlichen Heilands". Im obersten Stockwerk waren in vier gesonderten Gruppen die Operationssäle angeordnet.

Das komplette Areal umfasste 11.900 Quadratmeter, von denen 4.550 Quadratmeter verbaut waren. Damit war das Sanatorium zu seiner Zeit die größte Privatkrankenanstalt in Wien. 1939 erfolgte die Liquidation der Aktiengesellschaft. Das Haupthaus wurde vom Deutschen Reich übernommen, die übrigen Gebäude wurden verkauft. Heute befindet sich das Haupthaus im Besitz der Österreichischen Bundesbahnen.

Im Sanatorium Loew starben unter anderem die Schauspieler Alexander Girardi und Josef Kainz, der Komponist Gustav Mahler (an den eine Gedenktafel erinnert), der Arzt und Politiker Viktor Adler, der Maler, Lithograf, Illustrator und Karikaturist August von Pettenkofen sowie der Journalist und Zeitungsverleger Moritz Szeps. Auf dem Transport ins Spital verstarb die Schauspielerin und Operettensängerin Hansi Niese.

Ehemalige Poliklinik

Wenn man nun stadteinwärts geht, gelangt man nach nur wenigen Metern zur Mariannengasse 10, wo sich bis 1998 die 1872 von zwölf jungen Universitätsassistenten gegründete Poliklinik befand – sie war damals die erste ihrer Art in Europa. Das Besondere war, dass man um eine Abdeckung verschiedener medizinischer Bereiche bemüht war, denn in den meisten europäischen Ländern waren die Polikliniken auf nur einen Bereich spezialisiert. Daher nannte man die Wiener Institution auch Allgemeine Poliklinik.

Als Poliklinik bezeichnete man eine Krankenhausabteilung zur ambulanten Behandlung von Patientinnen und Patienten. Ursprünglich war eine Klinik ein Krankenhaus, das hauptsächlich der Unterrichtung von Medizinstudenten diente. Aufgenommen wurden deshalb vor allem Patientinnen und Patienten, deren Krankheit interessant für die Ausbildung war. Die Poliklinik war jener Teil der Klinik, in dem die Bürger der Universitätsstadt (polis) eingewiesen wurden, die weniger „interessante" Fälle waren.

Ursprünglich in der Wipplingerstraße im 1. Bezirk untergebracht, wurden bereits im ersten Jahr 12.000 Kranke kostenlos ambulant behandelt. Die Kosten des Betriebs wurden zuerst von den Gründern selbst getragen. Vier Jahre später wurde dann ein Verein zur Finanzierung gegründet, der Spenden sammelte.

Die Poliklinik übersiedelte mehrfach: Von der Wipplinger Straße ging es zunächst in die Oppolzergasse und 1880 dann in die Schwarzspanierstraße, bereits im 9. Bezirk, wobei hier auch bereits der erste stationäre Krankenhausbetrieb mit fünf Betten aufgenommen wurde. In das Gebäude in der Mariannengasse 10, in dem sie bis zum Schluss verblieb, zog die Poliklinik 1892.

Nach dem Vorbild der Wiener Poliklinik entstanden um die Jahrhundertwende zahlreiche Kliniken in ganz Europa. Dabei war die Wiener Poliklinik immer wieder Vorreiter bei neuen Therapien. So wurde unter Wilhelm Winternitz 1872 die erste hydrotherapeutische Bettenstation der Welt eingerichtet. Im selben Jahr wurde Johann Heller Leiter der „Abteilung für chirurgische Krankheiten, besonders der Harnorgane". Heller war einer der Wegbereiter der urologischen Labordiagnostik. 1889 gründete Anton von Frisch die erste urologische Ambulanz Europas und erreichte, dass die Urologie als eigenes Fach an der Wiener

Universität installiert wurde. Ab 1896 gab es ein Röntgenkabinett, das sich 1904 zum ersten Röntgeninstitut Österreichs entwickelte.

In der Wiener Poliklinik arbeitete auch der junge Arthur Schnitzler, dessen Vater Leiter der Laryngologischen Abteilung und ab 1884 bis zu seinem Tod 1893 ärztlicher Direktor der Klinik war. Arthur Schnitzlers 1912 geschriebenes Theaterstück *„Professor Bernhardi"* hatte die Poliklinik zum Vorbild. In dem Werk werden Antisemitismus, Probleme der Ethik und der Jurisprudenz sowie des Katholizismus behandelt. Professor Flint, Minister für Kultus und Unterricht in *„Professor Bernhardi"*, trägt Züge des Wiener Bürgermeisters Karl Lueger. Die Uraufführung fand 1912 in Berlin statt. Wegen des systemkritischen Inhalts waren Aufführungen in der Donaumonarchie bis zu ihrem Zerfall 1918 verboten.

Ab 1938 war die Poliklinik im Besitz der Gemeinde Wien. Sie wurde kurz als Geriatrisches Rehabilitationszentrum verwendet, dann aber Ende 1998 endgültig geschlossen. Auf dem Gelände, das außer dem Gebäude in der Mariannengasse weitere angrenzende Flächen bis zur Lazarettgasse umfasste, wurde das Vienna Competence Center als

Arthur Schnitzler

Standort für Forschungseinrichtungen und Unternehmen aus den Bereichen Medizin, Biomedizin, Medizintechnik und ergänzenden Dienstleistungsgebieten errichtet.

Heute greift das VIENNA Policenter seine Geschichte auf und stellt Büroflächen für Gesundheitsdienstleistungen, aber auch für innovations- und technologieorientierte Firmen zur Verfügung. Zehn Unternehmen haben sich mittlerweile hier angesiedelt, unter anderem auch die PRISMA Wien, die mittels aktivem Standortmanagement eine zuverlässige Betreuung der Nutzer sowie eine Weiterentwicklung des Standorts garantiert.

An der Fassade des Hauses sind 13 Keramikmedaillons und Namenstafeln berühmter Ärzte angebracht, darunter Carl von Rokitansky und Josef von Škoda.

Ein Name fehlte bislang bei der Auflistung berühmter Ärzte in der Wiener Poliklinik, nämlich jener von Viktor Frankl, der von 1946 bis 1970 die Neurologische Abteilung leitete. Er bezog unweit der Poliklinik, in der Mariannengasse 1, eine Wohnung, in der er bis zu seinem Tod 1997 lebte. Dort ist heute das Viktor Frankl Zentrum und Museum untergebracht – die letzte Station des Rundgangs. Seit 2015 beherbergt das Zentrum auch ein Museum.

Viktor Frankl

Hier vervollständigte Frankl seine Thesen vom Menschen als ein geistbegabtes Wesen, das allen Widrigkeiten zu trotzen vermag, sobald und solange es Sinn im Leben findet. Frankl begründete mit der sogenannten „Dritten Wiener Schule der Psychotherapie“ die Logotherapie und Existenzanalyse. Nicht Lust (Sigmund Freud) oder Macht (Alfred Adlers Individualpsychologie), sondern Sinn (Logos) ist nach Ansicht Frankls der stärkste Motor des Menschen.

Frankl entstammte einer jüdischen Beamtenfamilie. Er hatte persönlichen Kontakt zu Adler und Freud. Während sich Adler mit der Sinnfrage zur Vorbeugung und Verhütung von Schäden, die durch Sorgen, Nöte und Beschwerden bei seelisch gesunden Menschen entstehen können, beschäftigte, stellte Frankl die Sinnfrage ins Zentrum seiner Arbeiten zur Suizidprävention.

1928 gründete Frankl Jugendberatungsstellen in Wien und organisierte dort 1930 eine Sonderaktion zur Zeit der Zeugnisausgabe, woraufhin in Wien keine einzige Selbsttötung von Schülern zu verzeichnen war.

Von 1933 bis 1937 leitete er im Psychiatrischen Krankenhaus (Neurologisches Zentrum Rosenhügel, eine Rothschild-Stiftung) den „Selbstmörderinnenpavillon“. Hier betreute er als Oberarzt jährlich bis zu 3.000 selbstmordgefährdete Frauen.

Nach dem „Anschluss“ 1938 wurde es Frankl aufgrund seiner jüdischen Herkunft untersagt, arische Patientinnen und Patienten zu behandeln. 1940 übernahm er die Leitung der Neurologischen Abteilung des Rothschild-Spitals am Währinger Gürtel (heute WIFI). Es war das einzige Krankenhaus, in dem in Wien noch jüdische Patientinnen und Patienten behandelt wurden. Seine Gutachten aus dieser Zeit sollten einige Patientinnen und Patienten davor bewahren, dem nationalsozialistischen Euthanasieprogramm zum Opfer zu fallen.

Obwohl er ein Visum zur Ausreise erhielt, zog er es wegen seiner betagten Eltern vor, in Wien zu bleiben. Schließlich wurde er 1942 mit Familie ins Ghetto Theresienstadt deportiert. Seine ganze Familie wurde ermordet. Frankl selbst wurde am 19. Oktober 1944 von Theresienstadt nach Auschwitz gebracht und einige Tage später

Viktor Frankl Zentrum und Museum

in das KZ-Kommando Kaufering III und am 5. März 1945 in das Lager Türkheim, ein Außenlager des KZ Dachau, transportiert. Am 27. April 1945 wurde er in Türkheim von der US-Armee befreit.

Die Zeit in den Konzentrationslagern verarbeitete Frankl im Buch *„... trotzdem Ja zum Leben sagen (Ein Psychologe erlebt das Konzentrationslager)"*. Schon kurz nach Ende des Kriegs vertrat er die Ansicht, dass vor allem Versöhnung einen sinnvollen Ausweg aus den Katastrophen des Weltkriegs und des Holocausts weisen könne.

1955 erhielt Frankl den Professorentitel für Neurologie und Psychiatrie an der Universität Wien, Gastprofessuren führten ihn in die USA (Harvard University, Dallas und Pittsburgh). Er galt als einer der größten Fachleute auf seinem Gebiet. Frankl verfasste 32 Bücher und erhielt weltweit 29 Ehrendoktorate.

Eine Zäsur in der Geschichte der Mariannengasse wird das Jahr 2025 bedeuten: Voraussichtlich bis zum Wintersemester 2025/26 entsteht dort nämlich der MedUni Campus Mariannengasse als neues Forschungs- und Lehrzentrum der MedUni Wien. Damit kommt es im 21. Jahrhundert zu einer Rückkehr zu den medizinischen Wurzeln des 19. Jahrhunderts.

TOUR 8

DIE WIENER UND IHRE NÄHE ZUM TOD

Di Potschn streckn, den Löffl ohgehm, a Brezn reißn, ohgrotzen, aushuastn, den Holzpyjama oziagn, si di Eadöpfen von unt auschaun, de Bock aufstöhn, di Wiama fiadan: Das Sterben hat in Wien sehr viele Namen.

Treff 1 Zentralfriedhof, Eingangstor

Die Totenstadt ist größer als die der Lebenden

Mit einer Fläche von zweieinhalb Millionen Quadratmetern und einer Viertelmillion Gräber ist der Zentralfriedhof in Wien-Simmering der zweitgrößte Friedhof Europas. Nur jener von Hamburg ist noch größer. Insgesamt liegen hier die sterblichen Überreste von drei Millionen Seelen begraben – und damit deutlich mehr, als Wien derzeit Einwohner hat.

Für den Tod hatten die Wiener schon immer ein besonderes Faible. Die sprichwörtlich *„schöne Leich"* hat seit Jahrhunderten Bestand. *„Der Tod, das muss ein Wiener sein, genau wie die Lieb a Französin."*, beginnt eines der bekanntesten Lieder des Komponisten, Sängers und Dichters Georg Kreisler. Und wohl kein Idiom hat so viele Bezeichnungen für den Tod wie das Wienerische. *„Er hat den 71er g'nommen"* ist nur eine davon und bezieht sich auf jene Straßenbahnlinie, die von der Stadt zum Zentralfriedhof fährt.

Ab Mitte des 19. Jahrhunderts expandierte die Stadt enorm, bedingt durch die immer stärker werdende Industrialisierung, die Heerscharen von Arbeitern aus allen Teilen des Reichs anlockte. Das Bevölkerungswachstum machte eine neue große Begräbnisstätte notwendig, und die

Wahl fiel auf ein Gelände weit außerhalb der Stadt.

1863 beschloss dann der Gemeinderat die Errichtung des Zentralfriedhofs und legte dabei fest, dass die Möglichkeit bestehen solle, einzelnen Glaubensgemeinschaften eigene Abteilungen zu überlassen. 1870 erfolgte die Ausschreibung über die Gestaltung des Friedhofs. Die Entwürfe des Frankfurter Architektenteams Karl Jonas Mylius und Alfred Friedrich Bluntschli überzeugten die Gemeindeväter, und nach nur drei Jahren Bauzeit (1871–1874) war Wiens neue „Totenstadt" errichtet.

Im Oktober 1874, ungefähr zwei Wochen vor der Eröffnung, wurden in einem neuerlichen Gemeinderatsbeschluss sogar die Konfessionslosigkeit der Anlage betont und eine etwaige Einweihung des Areals explizit untersagt.

In katholischen Kreisen kamen diese Beschlüsse gar nicht gut an. Es kam zu Protesten, die zunehmend eskalierten, nachdem bekannt wurde, dass auch der jüdischen Glaubensgemeinschaft eine eigene Abteilung am Friedhofsgelände zugesichert wurde. Ein Kompromissbeschluss war notwendig; dieser gelang auch, indem eine Einweihung des Areals zwar zugelassen wurde, allerdings ohne Einschränkung auf eine bestimmte Glaubensgemeinschaft. Eine kirchliche Ministerialgewalt über den Friedhof war damit dezidiert ausgeschlossen.

Trotzdem dauerten die Proteste bis zum Schluss an. Noch am Tag der Eröffnung riefen konservative Gruppierungen zu Kundgebungen auf – die dann aber nicht eskalierten, da Kardinal Joseph Othmar von Rauscher (andere Quellen nennen den Prälaten Ludwig Angerer) in Absprache mit dem damaligen Wiener Bürgermeister Cajetan Felder am frühen Morgen des 30. Oktobers 1874, von der Öffentlichkeit weitgehend unbemerkt, die katholische Einweihung des Friedhofs vornahm.

Offiziell seiner Bestimmung übergeben wurde der Wiener Zentralfriedhof am 1. November 1874. Dem Josefstädter Privatier Jakob Zelzer wurde die Ehre zuteil, als Erster in einem auch heute noch bestehenden Einzelgrab beerdigt zu werden.

EIN NEBENWEG:

Per Rohrpost zum Friedhof

Von Anfang an waren die Stadtväter mit dem Problem der zahlreichen Leichentransporte konfrontiert. Der

Weg von der Stadt zum Zentralfriedhof führt über die Simmeringer Hauptstraße. Es waren Hunderte von Toten pro Woche, die so ihren letzten Weg mittels Pferdewagen antreten mussten. Es verwundert daher nicht sehr, dass die an den Simmeringer Hauptstraße wohnende Bevölkerung keineswegs darüber erfreut war, während des Tages, teilweise im Minutentakt, auf die nicht enden wollenden Leichenzüge blicken zu müssen – die ständige Konfrontation mit dem Tod schlug sich dann doch selbst bei den Wienern zu sehr auf das Gemüt.

An Vorschlägen und Konzepten für alternative Leichentransporte mangelte es nicht. So gab es beispielsweise die Idee, eine eigene Bahnlinie nur für Leichentransporte zu bauen. Ein Plan des Architekten Josef Hudetz und des Ingenieurs Franz von Felbinger sah die Leichenbeförderung in einem langen, beim Zentralfriedhof endenden Tunnel pneumatisch mittels Rohrpost vor.

Realisiert wurde keines der Projekte. Der Transport der Toten musste also weiterhin mit Pferdefuhrwerken über die Simmeringer Hauptstraße erledigt werden, erst 1918 wurde die seit der Jahrhundertwende elektrifizierte Straßenbahn dazu benutzt. 1925 wurde erstmals ein (nicht schienengebundener) motorisierter Leichenwagen eingesetzt. Im Zweiten Weltkrieg wurden Leichentransporte per Bestattungsstraßenbahn durchgeführt, die zahlreiche Särge aufnehmen konnte. Eine solche Einrichtung dürfte es weltweit nur in Wien gegeben haben.

Pneumatische Post in Wien (Xylografie von August Stefan Kronstein, 1876)

Treff 2 Gruppe 30 A, Reihe 1: Die Opfer des Ringtheaterbrands

Der Einstieg in die forensische Zahnmedizin.

Es war eine der größten Brandkatastrophen der österreichisch-ungarischen Monarchie: der Ringtheaterbrand am 8. Dezember 1881. Gegeben wurden Jacques Offenbachs *„Hoffmanns Erzählungen"*. Die Besucher nahmen um 19.00 Uhr ihre Plätze ein, hinter der Bühne wurde bei fünf Schaukästen die Gasbeleuchtung entzündet. Die elektropneumatischen Zündvorrichtungen versagten, es strömte Gas aus, das beim nächsten Zündversuch explodierte. Die Folge war eine Stichflamme, die sich rasch über Bühne und Zuschauerraum ausbreitete.

Die Folgen waren verheerend: Aufgrund der aus Öllampen bestehenden und nicht funktionierenden Notbeleuchtung begannen die ersten Rettungsversuche viel zu spät – Augenzeugen berichteten über eine Verzögerung von bis zu einer halben Stunde. Dazu kam, dass sich die Notausgänge nur nach innen öffnen ließen, was die Besucher hinderte, das Gebäude rechtzeitig zu verlassen. Zusätzlich fachte ein durch ein Fenster einströmender Luftzug das Feuer weiter an. Legendär ist die von der Polizei aufgrund einer Fehleinschätzung der Lage getätigte Meldung „Alles gerettet!" – was die Helfer von weiteren Rettungsversuchen abhielt.

Nach offiziellen Angaben starben 384 Menschen. Schätzungen gehen jedoch von weit mehr Toten aus.

Die Identifizierung der Leichen gestaltete sich schwierig, da viele bis zur Unkenntlichkeit verbrannt waren. Dazu wurde erstmals die Identifizierungsmethode anhand der Zahnstellung eingesetzt und damit eine Grundlage für die

Grabstätte für die Opfer des Ringtheaterbrands

später renommierte „Wiener Schule der Kriminalistik" gelegt. Es war zudem der Einstieg in die forensische Zahnmedizin.

Der Brand hatte außerdem innerstaatliche wie internationale Auswirkungen auf den vorbeugenden Brandschutz vor allem im Theaterbereich und die entsprechenden gesetzlichen Bestimmungen für den Theaterbau in Österreich. So wurde beispielsweise der Eiserne Vorhang zur Trennung der Bühne vom Zuschauerraum eingeführt, und die Dekorationen mussten ab diesem Zeitpunkt imprägniert werden. Als spontane Reaktion auf den Brand wurde die „Wiener Freiwillige Rettungsgesellschaft" gegründet.

Bestattet wurden die Opfer der Katastrophe in einem Grabmal der Gruppe 30 A, unweit des Haupteingangs (Tor 2), links neben den alten Arkaden. Einer der berühmtesten Bildhauer der Ringstraßenepoche, Rudolf Weyr, wurde mit der Gedenkstätte für die Opfer der Brandkatastrophe beauftragt. Er schuf eine auf einem Podest trauernde Vindobona, bekrönt mit einer Mauerkrone. Zu ihren Füßen erhebt sich ein Phönix als Symbol und Sinnbild der Auferstehung. Zwei Pleureusen, trauernde weibliche Gestalten, bilden den Rahmen für das Grabdenkmal.

Einem glücklichen Zufall verdankt die Menschheit möglicherweise, dass sie heute noch den Symphonien Nummer 7, 8 und 9 von Anton Bruckner lauschen darf. Bruckner wohnte damals in dem an das Ringtheater angrenzenden Eckhaus Schottenring/Hessgasse und hatte für die Vorstellung von *„Hoffmanns Erzählungen"* bereits Karten besorgt, blieb jedoch – da er sich nicht wohl fühlte – zu Hause.

EIN NEBENWEG:

150.000 Gulden für die Errichtung eines Spitals

Die nahe der Gedenkstätte an die Opfer der Brandkatastrophe von 1881 liegenden Arkadengrüfte umfassen 36 Grabstätten von vornehmen, reichen und oft geadelten Familien aus dem Wiener Großbürgertum. 1881 war der Ziegelrohbau im Neorenaissancestil fertiggestellt. Bei der Gestaltung des Baus durften die Familien mitwirken, so zum Beispiel bei der Deckenausschmückung.

Eine der bekanntesten Familien, die hier ihre letzte Ruhestätte fand, waren die Mautner Markhofs. Jüngere verbinden mit dem Namen wohl eher Senf- und Essigprodukte, tatsächlich ist der Name aber auch unumstößlich mit dem Wiener Gesundheitswesen verbunden.

Nachdem Ignaz Mautner 1872 zum Ritter von Markhof geadelt worden war, stiftete er mit seiner Frau für Kinder mittelloser Eltern den Betrag von 150.000 Gulden, nach heutigem Wert in etwa drei Millionen Euro, zur Errichtung eines Kinderspitals. Zusätzlich verschenkte Mautner noch drei Grundstückparzellen, damit mit dem Bau des Projekts im heutigen 3. Bezirk begonnen werden konnte. Weiters stellten die zehn Kinder des Ehepaares jeweils 6.000 Gulden zur Verfügung. Auch die Krankenbetten und die nötige Wäsche wurden finanziert.

1875 wurde das Kronprinz-Rudolf-Kinderspital in der Baumgasse mit 48 Betten in Betrieb genommen. Kinder sollten im Krankheitsfall ohne Rücksicht auf ihre Herkunft und Religion aufgenommen und behandelt werden. 1921 wurde das Krankenhaus in Mautner Markhof'sches Kinderspital umbenannt und 1924 erfolgte durch das Bundeskanzleramt die Aufhebung der Stiftung, die von der Familie Mautner Markhof bis dato nach wie vor unterstützt wurde. Der Grund für diese Maßnahme lag in der schlechten allgemeinen Wirtschaftslage und dem damit verbundenen geringen Spendenaufkommen zur Spitalserhaltung. Nachdem der Ministerrat dieser Maßnahme zugestimmt hatte, beschloss der Gemeinderat, das Spital – mit mittlerweile 200 Betten – zu übernehmen und im Sinne der Stifter weiterzuführen.

Nach dem Zweiten Weltkrieg bemühte sich die Stadt Wien zunächst darum, das Mautner Markhof'sche Kinderspital zu modernisieren. Man spezialisierte sich auf die Fachgebiete Kinderchirurgie und Intensivneonatologie.

Mit dem Bau des Sozialmedizinischen Zentrums Ost – Donauspital setzte eine Diskussion über den Fortbestand des Mautner Markhof'schen Kinderspitals ein. Letztendlich wurde das Spital geschlossen und 2020 abgerissen.

Familiengruft der Familie Mautner Markhof

Treff 3

Gruppe 14 A: Die Pioniere der Medizin

Chirurgie, Pathologie – und der Weg zu einer modernen Gesundheitsversorgung.

Grab von Eduard Albert

Grab von Eduard Ritter von Hofmann

Eduard Albert (1841–1900), Chirurg und Vorkämpfer der Antiseptik (Grab Nr. 5)

Albert entstammte einer böhmischen Uhrmacherfamilie. Nach Abschluss der Schule kam er nach Wien, wo er am Josephinum Medizin studierte, unter anderem bei dem bekannten Pathologen Carl von Rokitansky. 1867 promovierte Albert in Wien. Dank Fürsprache von Ministerpräsident Eduard Taaffes, dessen Leibarzt und Günstling er war, wurde er 1881 Vorstand der 1. Chirurgischen Universitätsklinik in Wien. Zudem war er der Leibarzt von Kaiser Franz Joseph.

Alberts umfangreiches Werk besteht aus 177 Fachpublikationen, hauptsächlich auf dem Gebiet der Chirurgie. Neben Lehrmaterial, beispielsweise Editionen seiner Vorlesungen, publizierte er über neue Operationsmethoden; er zählte zu den Wegbereitern der Antiseptik und der theoretischen Orthopädie. Größten Wert legte er neben der herausragenden inhaltlichen Qualität auch auf die sprachliche Form; als Redner und Pädagoge bildete er eine Reihe berühmter Schüler aus.

Eduard Ritter von Hofmann (1837–1897), Pionier der modernen forensischen Pathologie (Grab Nr. 6)

Hofmann promovierte 1861 an der Prager Karlsuniversität. Seine Habilitationsarbeit beschäftigte sich mit der Fruchtwasseraspiration während der Geburt. Carl von Rokitansky setzte sich dafür ein, dass er 1869 an den Lehrstuhl für Staatsarzneikunde an der Universität Innsbruck berufen wurde, ab 1873 war er dort Dekan.

Freiherr Joseph Wattmann von Mäelcamp-Beaulieu (1789–1866), Pionier der plastischen Chirurgie (Grab Nr. 38)

Wattmann war seit 1810 Schüler von Vinzenz Kern am Operateur-Institut im Allgemeinen Krankenhaus (AKH) in Wien. Nach einigen Zwischenstationen in Wels, Laibach und Innsbruck kehrte er nach Wien zu Kern zurück. 1824 wurde er zum Nachfolger Kerns als Leiter des Operateur-Instituts bestellt.

Wattmann gilt als Pionier der plastischen Chirurgie in Österreich. Schon in Innsbruck bediente er sich der sogenannten „Indischen Methode" der Nasenplastik. Es ist dies eine alte, in etwa um 400 v. Chr. erstmals in Indien beschriebene plastische Operationstechnik zur Wiederherstellung der Nase, bei der zum Ersatz der Nase ein Schwenklappen aus der Stirn gebildet wurde. In Europa verbreitete sich die Methode Mitte des 15. Jahrhunderts in Süditalien, geriet dann aber rasch wieder in Vergessenheit, ehe sie im 19. Jahrhundert – insbesondere in Anbetracht der grassierenden Syphilis, deren Auswirkungen oft auch die Nase betrafen – wiederentdeckt wurde.

Grab von Freiherr Joseph Wattmann von Mäelcamp-Beaulieu

Grab von Josef Weinlechner

Wattmann erwarb sich auch Verdienste um die Entfernung von Blasensteinen: Er führte 1827 in Wien das französische Verfahren der Blasensteinzertrümmerung ein („*Über die Steinzerbohrung und ihr Verhältnis zum Blasenschnitt*", 1835). Und er wies schon frühzeitig auf die Symptomatik der intraoperativen Luftembolie und ihre chirurgische Therapie hin („*Sicheres Heilverfahren bei dem schnell gefährlichen Lufteintritt in die Venen und dessen gerichtsärztliche Wichtigkeit*", 1843). Sein zweibändiges „*Handbuch der Chirurgie*" erschien 1830 in Wien.

Josef Weinlechner (1829–1906), Kinderchirurg (Grab Nr. 42)

Weinlechner war einer der populärsten und gesuchtesten Chirurgen seiner Zeit. Ihm ging der Ruf voraus, ein

„furchtloser Chirurg mit ausgezeichneter Technik und einer Ruhe, die ihn auch in heikelsten Fällen nie in Verlegenheit brachte", zu sein.

Das Interesse Weinlechners in der Kinderchirurgie galt vor allem Missbildungen, onkologischen Operationen und – damals eines der wichtigsten Kapitel der Kinderchirurgie – der Verbesserung der Tracheotomie bei der Kehlkopfdiphtherie. Der Luftröhrenschnitt war damals die einzige lebensrettende Behandlungsmöglichkeit. Erst durch die Einführung der Intubation mit Bronzekanülen durch Joseph O'Dweyer 1885 wurden Tracheotomien bei Diphtherie allmählich seltener. Weinlechner hatte bereits 1872 eine Arbeit über den *„Katheterismus des Larynx"* veröffentlicht, in der er die damals noch neue Technik der Intubation genau beschrieb.

Neben seinen kinderchirurgischen Aktivitäten – über die er auch interessante Arbeiten publizierte – setzte Weinlechner seine allgemeinchirurgische Tätigkeit fort. Als überaus geschickter Operateur wagte er sich auch an Fälle, die von anderen Chirurgen als inoperabel eingestuft und abgelehnt wurden. Manchmal hatte er – oder noch besser gesagt: hatten seine Patienten – Glück, und er verhalf Menschen auch in den aussichtslosesten und verzweifeltsten Fällen noch zu einem längeren Leben, wenn auch oft nur einige Jahre lang. Böse Zungen behaupteten, wenn auch scherzhaft, *„man wisse manchmal nicht, was man von dem Operierten wieder in das Bett zurückbringen sollte"*.

EIN NEBENWEG:

Der Platz auf den Friedhöfen wird knapp

Da im 19. Jahrhundert der Platz auf den Friedhöfen in den Städten immer knapper wurde, suchte man nach neuen Möglichkeiten der Beisetzung. Begünstigt wurde dies durch die Möglichkeit der technischen Abwicklung einer Einäscherung. Es entstanden Feuerbestattungsvereine, und Kremationen wurden, allerdings sehr kontrovers, als mögliche Bestattungsform öffentlich diskutiert.

Einer der ersten Verfechter der Feuerbestattung war der deutsche Mediziner Friedrich Küchenmeister. Er sah in den bei einer Erdbestattung entstehenden Fäulnis- und Verwesungsgasen die Gefahr von Bodenvergiftungen. 1873 gründete er den Verein „Die Urne – Verein für facultative Leichenverbrennung", und er überredete den Ingenieur Friedrich Siemens, in seiner Glasfabrik einen Ofen für Leichenverbrennungen zu entwickeln. Am 9. Oktober 1874 fand in Dresden die weltweit erste Einäscherung in geschlossenem Feuer statt. Es war eine Engländerin, keine Deutsche, die diese Form der Bestattung in ihrem Testament festgelegt hatte. Über diese Einäscherung berichtete Küchenmeister postwendend in der Zeitschrift *„Deutsche Klinik"*.

Es sollten noch einige Jahre vergehen, bis sich die Idee der Einäscherung auch in Österreich etablierte. Erste Anträge zur Errichtung eines Krematoriums wurden Ende des 19. Jahrhunderts noch zurückgewiesen. Aber 1921 genehmigte der Wiener Gemeinderat – bezeichnenderweise unter dem ersten sozialdemokratischen Bürgermeister Jakob Reumann – die Errichtung eines Krematoriums. Als Ort wurde der ehemalige Garten des Schlosses Neugebäude ausgewählt, der sich in Nähe zur Simmeringer Hauptstraße und damit auch in Nähe zum Wiener Zentralfriedhof befand. Ein Wettbewerb zur Gestaltung der Feuerhalle wurde ausgeschrieben, den Josef Hoffmann für sich entscheiden konnte. Den Zuschlag aber erhielt der drittplatzierte Entwurf von Clemens Holzmeister. Nach Ansicht der Jury korrespondierte Holzmeisters Entwurf am besten mit der noch bestehenden Architektur des Schlosses Neugebäude.

Es ist bezeichnend, dass noch am 16. Dezember 1922 der christlich-soziale Minister Richard Schmitz per Antrag im Gemeinderat die Inbetriebnahme des Krematoriums zu verhindern suchte – allerdings ohne Erfolg. Am 17. Dezember 1922 wurde die Feuerhalle als erstes österreichisches Krematorium feierlich eröffnet. Exakt einen Monat später fand dort die erste Einäscherung statt.

Schloss Neugebäude

Treff 4 Gruppe 32 C: Braune Schatten

Die schwierige Vergangenheit von Leopold Schönbauer und Julius Wagner-Jauregg

Leopold Schönbauer (1888–1963), Begründer der Neurochirurgie in Österreich (Grab Nr. 26)

Schönbauer studierte an der Karl-Ferdinands-Universität in Prag. 1914 schloss er dort sein Studium mit sub auspiciis ab. Er begründete in Lainz die Neurochirurgie in Österreich. 1939 übernahm er die I. Chirurgische Universitätsklinik. Im AKH richtete er im Zweiten Weltkrieg ein Sonderlazarett für Gehirn-, Rückenmarks- und Nervenverletzungen mit einem angeschlossenen Rehabilitationszentrum ein.

Schönbauer war, wie viele Ärzte seiner Zeit, auch politisch tätig. Von 1959 bis 1962 war er ÖVP-Nationalratsabgeordneter, und eine Zeitlang galt er sogar als vielversprechender Kandidat für die Funktion des Bundespräsidenten. Dabei dürfte er nicht immer sehr genau zwischen dem ärztlichen Handeln und seiner Weltanschauung unterschieden haben. So soll Schönbauer beispielsweise Patienten gezwungen haben, sich die Krankenölung spenden zu lassen, worauf der sozialdemokratische Wiener Bürgermeister Karl Seitz postwendend verlauten ließ, *„am Spitalstor hört die Politik auf"*.

Viele Jahrzehnte hindurch war Schönbauer vor allem als „Retter des AKH" bekannt. Tatsächlich weigerte er sich am Ende des Zweiten Weltkriegs, das AKH als Kampfstellung bereitzustellen. Es gelang ihm, die sowjetischen Kampftruppen vom Spital fernhalten, was ihm im April 1945 die Wahl zum ärztlichen Direktor durch eine im AKH agierende Widerstandsgruppe eintrug. Diese Stellung sollte er bis 1960 behalten.

Eine zweite Seite im Leben Schönbauers wurde erst sehr spät, nämlich 2015, im Rahmen eines Projekts an der Universität Wien aufgedeckt: Schön-

Grab von Leopold Schönbauer

bauer war Träger des „Silbernen Treuedienstabzeichens" der NSDAP und in der NS-Zeit maßgeblich an Zwangssterilisierungen von Menschen beteiligt, die nach der NS-Ideologie als „nicht erbgesund" galten. Er war Mitglied des universitären Arbeitsausschusses für die Organisation von Gastvorträgen ausländischer Gelehrter im Sinne der NS-Wissenschaftsdoktrin und unternahm in dieser Eigenschaft viele Reisen, unter anderem nach Sarajevo, Belgrad und Budapest.

Sein Name findet sich auch auf der Teilnehmerliste einer Tagung in der Militärärztlichen Akademie in Berlin im Mai 1943. Geladen war die Elite der NS-Ärzteschaft, unter anderem Karl Gebhardt, der Leibarzt Heinrich Himmlers, der über die Ergebnisse von Experimenten berichtete, die an Häftlingen aus dem Lager Ravensbrück vorgenommen wurden, um die Wirkung von Sulfonamid zu testen. Gebhardt wurde in den Nürnberger Prozessen wegen Kriegsverbrechen und Verbrechen gegen die Menschlichkeit zum Tod verurteilt und 1948 hingerichtet.

Gleich nach dem Krieg bemühte sich Schönbauer um die Löschung seines Minderbelasteten-Vermerks. Unterstützt wurde er dabei von prominenten Politikern seiner Zeit, unter anderem von Adolf Schärf, dem späteren Bundespräsidenten der Republik Österreich, der als Patient die „AKH-Rettung" selbst miterlebt hatte. Die Aufnahme des § 27 im Verbotsgesetz ging auf eine Initiative Schärfs zurück, damals noch in seiner Funktion als Staatssekretär. Diese inoffiziell „Schönbauer-Paragraf" genannte Bestimmung ermöglichte es, Nationalsozialisten aus den NS-Registrierungsakten zu streichen und von „Sühnemaßnahmen" zu befreien. Der Paragraf – dessen Anwendung vorerst nur vereinzelt vorgesehen war – diente in der Folge vielen weiteren NS-belasteten Österreichern zur völligen Rehabilitierung. Sie alle behaupteten nach dem Krieg, ihre NSDAP-Mitgliedschaft nie missbraucht und bereits vor Kriegsende eine positive Einstellung zur unabhängigen Republik Österreich gehabt zu haben.

Julius Wagner-Jauregg (1857–1940), Psychiater und Nobelpreisträger für Medizin (Grab Nr. 18, vis-à-vis von Schönbauer)

Ähnlich wie bei Schönbauer gab es auch bei Wagner-Jauregg mehr oder weniger starke Berührungspunkte zum

Nationalsozialismus, trotz seiner zweifelsohne medizinischen Verdienste – auch das eine Parallele zu Schönbauer.

Wagner-Jauregg promovierte 1880 in Wien. Zunächst arbeitete er am Institut für allgemeine und experimentelle Pathologie. Anschließend wurde er, nach einer kurzen Tätigkeit am Departement für Innere Medizin, Assistent an der sogenannten „Niederösterreichischen Landesirrenanstalt".

Psychiatrie war gar nicht sein bevorzugter Fachbereich. Er nutzte allerdings eine sich ihm bietende Chance und habilitierte sich 1885 für das Fach Nervenkrankheiten und Psychiatrie.

Grab von Julius Wagner-Jauregg

1889 wurde Wagner-Jauregg Nachfolger von Richard von Krafft-Ebing an der Neuropsychiatrischen Klinik der Universität Graz. Einer seiner Forschungsschwerpunkte war der in der Steiermark damals häufig auftretende und durch Jodmangelerscheinungen auftretende Kretinismus. Er erzielte gute Erfolge bei dessen Vorbeugung sowie der Vorbeugung gegen Kropf durch die Beimengung geringer Mengen Iod zum Trinkwasser und Speisesalz.

1893 wurde Wagner-Jauregg außerordentlicher Professor für Psychiatrie und Nervenkrankheiten und Direktor der Niederösterreichischen Landesheil- und Pflegeanstalt für Nerven- und Geisteskranke in Wien. 1902 wechselte er an die Psychiatrische Klinik der Wiener Universität im AKH, und 1911 kehrte er auf seinen früheren Posten zurück, da allerdings bereits in die neue Landesheilanstalt auf der Baumgartner Höhe, der heutigen Klinik Penzing.

Den Nobelpreis erhielt Wagner-Jauregg für die von ihm entwickelte Malariatherapie: Mit Herbeiführen von Fieber mithilfe von Erregern der Malaria gelang es ihm, eine Form der Syphilis erfolgreich zu behandeln. Diese Therapie wurde bis zum Aufkommen von Antibiotika angewandt.

Bereits in den 1990er-Jahren wurden die Verbindungen Wagner-Jaureggs zur NSDAP sowie seine eugenischen und rassenhygienischen Ideen öffentlich diskutiert. Die von einer Historikerkommission zur Untersuchung der Ehrengräber auf dem Wiener Zentralfriedhof für die Zeit zwischen 1938 und 1945 erstmals erhobenen Vorwürfe gegen Wagner-Jauregg veranlassten das Land

Oberösterreich, eine eigene detaillierte Überprüfung in Auftrag zu geben (Wagner-Jauregg wurde in Wels geboren). Die mit der Arbeit beauftragten Autoren kamen zu dem Schluss, dass Wagner-Jauregg zwar gesellschaftspolitisch konservativ war und als Mitglied die Großdeutsche Volkspartei unterstützte, sein am 21. April 1940 gestellter Antrag auf Mitgliedschaft in der NSDAPaber *„wegen Rasse ... zurückgestellt"* wurde, da Wagner-Jaureggs erste Frau Jüdin gewesen war.

Trotz seiner eugenischen Überzeugungen wurde Wagner-Jauregg somit letztlich als *„nicht historisch belastet"* eingestuft, obwohl sein Name auf einer Mitgliederliste des Deutschsozialen Volksbunds stand, einer NS-Tarnorganisation aus der Zeit vor 1938, der einige zukünftige Nationalsozialisten angehörten, wie Arthur Seyß-Inquart oder Anton Reinthaller. Nicht zuletzt deshalb kritisierte das Dokumentationsarchiv des Österreichischen Widerstands die im Bericht des Landes Oberösterreich erfolgte „Reinwaschung" Wagner-Jaureggs von seiner NS-Vergangenheit.

Treff 5 Gruppe 33 E: Der Kaiser wird hinzugezogen

Auch Frauen können „in höheren Berufskreisen segensreich wirken".

Grab von Gabriele Possanner von Ehrental

Gabriele Possanner von Ehrental (1860–1940), erste promovierte Medizinerin an einer Universität Österreich-Ungarns (Reihe 16, Grab Nr. 22)

Possanner von Ehrenthal gehört wohl zu den beeindruckendsten und prägendsten Frauen des ausgehenden 19. und beginnenden 20. Jahrhunderts.

In Österreich-Ungarn konnten Frauen ab 1878 Vorlesungen als Gasthörerinnen besuchen, ab 1896 wurden im Ausland erworbene Doktordiplome unter der Bedingung der Nostrifikation anerkannt, was bedeutete, dass sämtliche Rigorosen nochmals abgelegt werden mussten. Vier Jahre, nachdem Possanner von Ehrental einen Abschluss in der Schweiz erworben hatte, promovierte sie als erste Frau in Österreich am 2. April 1897 im Fach Medizin in Wien. Die Ansprache des Rektors an die 33 Kandidaten der Medizin galt vor allem ihr, *„der muthigen siegreichen Vorkämpferin um die Erweiterung der Frauenrechte"*. Und die *Wiener Sonn- und Montagszeitung* zitierte in der Ausgabe vom 5. April 1897 aus der Rede ihres Doktorvaters: *„Da nun Frauen an Intelligenz und Willenskraft den Männern nicht nachstehen, so ist nicht einzusehen, weshalb den Frauen höhere Berufskreise verschlossen bleiben sollen. Wenn Kaiserinnen und Königinnen durch thatkräftige und weise Regierung sich unsterblichen Ruhm in der Geschichte erworben haben, warum sollten dann Frauen für unfähig erachtet werden, in höheren Berufskreisen segensreich wirken zu können?"*. Und der Autor des Artikels nahm wie folgt Stellung: *„Wir können nur wiederholen, was wir bei früheren Gelegenheiten hervorhoben: Jahr für Jahr sind Opfer zu beklagen, die nur darum zugrunde gingen, weil sie aus Schamgefühl bei männlichen Aerzten keine Hilfe suchen wollten und bei Frauen sie nicht finden konnten, weil es bei uns bisher keine weiblichen Aerzte gab. Wir wünschten daher, daß Frl. Dr. v. Possaner(!) bald genügende weibliche Concurrenz erhalten möge."*

Possanner von Ehrenthal, die sowohl als Spitals- als auch als niedergelassene Ärztin mit Ordination tätig war, war damit das erste weibliche Mitglied der Ärztekammer für Wien, jedoch war ihr als Frau zunächst das Stimmrecht bei der Ärztekammerwahl versagt. 1904 durfte sie dann aber nicht nur von ihrem aktiven, sondern bereits auch vom passiven Wahlrecht Gebrauch machen und wurde daraufhin zur Funktionärin („Ersatzmitglied") bestimmt.

Dies geschah vor dem Hintergrund einer hoch emotionalisierten Debatte über die Frage des Frauenstudiums im Allgemeinen und desjenigen der Medizin im Besonderen. So publizierte der überaus einflussreiche Vorstand der 1. Chirurgischen Klinik, Eduard Albert, in Wien eine Broschüre, in der er sich gegen das Frauenstudium wandte, während der bedeutende Anatom Emil Zuckerkandl sich ausdrücklich dafür aussprach und auch mit Gertrude Bien 1904 die erste Assistentin einstellen sollte, somit also nicht nur wertvolle argumentative Unterstützung für das Anliegen der Frauen, zum Studium zugelassen zu werden, lieferte, sondern dieser auch konkrete praktische Förderung am Weg zur tatsächlichen Berufsausübung folgen ließ.

Ab 1897 ließen die Universitäten Wien sowie Prag, Graz und Innsbruck Frauen regulär zum Studium zu, zunächst jedoch nur an den philosophischen Fakultäten, erst ab 1900 auch zum Medizinstudium. Der Zugang zu den anderen Fächern wurde überhaupt erst in der Republik möglich, so 1919 an der juridischen Fakultät, 1928 an der evangelisch-theologischen und ab 1945 an der katholisch-theologischen Fakultät der Universität Wien.

Weitere hier aus Platzgründen nicht näher beschriebene berühmte Ärzte, die am Zentralfriedhof begraben liegen, sind:

- **Johann Peter Frank** (1745–1821), Begründer der öffentlichen Hygiene (Gruppe 32 A, Grab Nr. 3),
- **Andreas Joseph Freiherr von Stifft** (1760–1836), Leibarzt Kaiser Franz II., Präsident der Medizinischen Fakultät (Gruppe 0, Reihe 1, Grab Nr. 64),
- **Franz Wirer Ritter von Rettenbach** (1771–1844), Chirurg, Gründungsmitglied der Gesellschaft der Ärzte in Wien (Gruppe 0, Reihe 1, Grab Nr. 55),
- **Michael von Viszamik** (1792–1872), Primararzt im AKH und Vorstand der Irrenanstalt (Gruppe 0, Reihe 1, Grab Nr. 5),
- **Ernst Maria Johann Karl Freiherr von Feuchtersleben** (1806–1849), Arzt, Lyriker, Philosoph und Essayist (Gruppe 14 A, Grab Nr. 17),
- **Jaromir Mundy** (1822–1894), Arzt und Philanthrop, Gründer der „Wiener Freiwilligen Rettungsgesellschaft" nach dem Ringtheaterbrand (Gruppe 0, Reihe 1, Grab Nr. 16),
- **Leopold Schrötter Ritter von Kristelli** (1837–1908), Gründer der ersten laryngologischen Klinik der Welt (Gruppe 14 A, Grab Nr. 19) (siehe auch Seite 54 f.),
- **Theodor Puschmann** (1844–1899), Medizinhistoriker (Gruppe 0, Reihe 1, Grab Nr. 24),
- **Salomon Ehrmann** (1854–1926), Dermatologe, Vorsteher der Wiener Israelitischen Kultusgemeinde (Alte Israelitische Abteilung, Tor 1, Gruppe 52 A, Reihe 1),

- **Arthur Schnitzler** (1862–1931), Arzt, Erzähler und Dramatiker (Alte Israelitische Abteilung, Tor 1, Gruppe 6, Reihe 0) (siehe auch Seite 132),
- **Alfred Adler** (1870–1937), Begründer der Individualpsychologie (Gruppe 33 G, Grab Nr. 43),
- **Clemens von Pirquet** (1874–1929), Kinderarzt und Forscher auf den Gebieten Bakteriologie und Immunologie (Gruppe 32 C, Grab Nr. 9),
- **Viktor Frankl** (1905–1997), Neurologe und Psychiater, Begründer der Logotherapie und Existenzanalyse (Alte Israelitische Abteilung, Tor 1, Gruppe 76 B, Reihe 23) (siehe auch Seite 133 f.),
- **Friedrich Hacker** (1914–1989), Psychiater, Psychoanalytiker und Aggressionsforscher (Gruppe 33 G, Grab Nr. 76),
- **Erwin Ringel** (1921–1994), Psychiater und Suizidforscher (Gruppe 33 G, Grab Nr. 3).

Grab von Johann Peter Frank

IM TEXT ERWÄHNTE MUSEEN

Kunsthistorisches Museum Wien

1010 Wien, Maria-Theresien-Platz
Tel.: +43 1 525 24-0
E-Mail: kunstvermittlung@khm.at
https://www.khm.at

Öffnungszeiten:
täglich außer Montag
10.00–18.00 Uhr

Pathologisch-anatomische Sammlung im Narrenturm

1090 Wien, Spitalgasse 2,
Uni-Campus Hof 6
Tel.: +43 1 521 77 606
E-Mail: pas@nhm-wien.ac.at
https://www.nhm-wien.ac.at/narrenturm

Öffnungszeiten:
Mittwoch 10.00–18.00 Uhr
ausgenommen Feiertage

Josephinum – Sammlungen der Medizinischen Universität Wien

1090 Wien, Währinger Straße 25
Tel.: +43 1 40160 26001
E-Mail: sammlungen@meduniwien.ac.at
https://www.josephinum.ac.at

derzeit aufgrund von
Renovierungsarbeiten
geschlossen

Schatzkammer des Deutschen Ordens

1010 Wien, Singerstraße 7, Stiege I
Tel.: +43 1 512 10 65 214
E-Mail: schatzkammer@deutscher-orden.at
https://www.deutscher-orden.at/site/ordenshausinwien/schatzkammer

Öffnungszeiten:
Dienstag, Donnerstag, Samstag
10.00–12.00 Uhr
Mittwoch, Freitag 15.00–17.00 Uhr

Mozarthaus Vienna

1010 Wien, Domgasse 5
Tel.: +43 1 512 17 91
E-Mail: office@wienmuseum.at
https://www.wienmuseum.at/de/standorte/mozartwohnung

Öffnungszeiten:
täglich außer Montag
10.00–18.00 Uhr

Viktor Frankl Museum Wien

1090 Wien, Mariannengasse 1/15
Tel.: +43 1 997 166110
E-Mail: office@franklzentrum.org
https://www.franklzentrum.org

Öffnungszeiten:
Montag, Freitag, Samstag
13.00–18.00 Uhr

LITERATURNACHWEISE, QUELLEN & PUBLIKATIONEN

Literaturnachweise:

Marianne Acquarelli: Die Ausbildung der Wundärzte in Niederösterreich, V&R unipress (2017)

Anna Ehrlich: Ärzte, Bader, Scharlatane. Die Geschichte der österreichischen Medizin, Amalthea (2007)

Arno Bost: Lebensformen im Mittelalter, Ullstein Buchverlage (1973)

Christian Probst: Fahrende Heiler und Heilmittelhändler. Medizin von Marktplatz und Landstraße, Rosenheimer (1992)

Reinhard Gruber: Botschaft aus Stein. Portrait eines Wahrzeichens. Der Stephansdom, Tyrolia (2011)

Hiltgart L. Kellen: Reclams Lexikon der Heiligen und biblischen Gestalten, Philipp Reclam jun. (1996)

Wolfgang Wegner, Werner Geberek: Enzyklopädie Medizingeschichte, De Cruyter (2004)

Elisabeth Tuisl: Die medizinische Fakultät der Universität Wien im Mittelalter. Von der Gründung der Universität 1365 bis Maximilian I. 1519, V&R unipress (2014)

Christine Lecerf, Hannelore Burger: Corps bléssés. Peines intimes autrichienne, centre d´études et de recherches autrichienne, Publication de l´université de Rouen Nr. 169 (1995)

Barbara Sternthal, Christiane Druml, Moritz Stipsicz: Das Josephinum, 650 Jahre Wiener Medizingeschichte, Christian Brandstätter Verlag (2014)

Wolfgang Regal, Michael Nanut: Wien für Mediziner, 15 Spaziergänge durch das alte medizinische Wien, Springer Verlag (2007)

Wolfgang Regal, Michael Nanut: Medizin im historischen Wien. Von Anatomen bis zu Zahnbrechern, Springer Verlag (2005)

Alfred Ebenbauer, Wolfgang Greisenegger, Kurt Mühlberger: Universitätscampus Wien 2 Bände, ed. Alfred Ebenbauer (1998)

Hans Bankl: Die kranken Habsburger. Befunde und Befindlichkeiten einer Herrscherdynastie, Goldmann (2005)

Sigrid-Maria Grössing: Amor im Hause Habsburg, Wilhelm Heyne Verlag (2001)

Gabriele Praschl-Bichler: Liebesgeschichten und Heiratssachen im Hause Habsburg, Wilhelm Heyne Verlag (1997)

Gabriele Praschl-Bichler: Kaiserin Elisabeths Fitneß- und Diät-Programm, Amalthea (2002)

Katrin Unterreiner: Sisi. Mythos und Wahrheit, Verlag Christian Brandstätter (2005)

Katrin Unterreiner: Luziwuzi. Das provokante Leben des Kaiserbruders Ludwig Viktor, Molden (2019)

Chris Stadtlaender: Sisi. Die geheimen Schönheitsrezepte der Kaiserin und der Hofes, Verlag Österreich (1997)

Hanne Egghardt: Skandaleuse Amouren im Hause Habsburg, Kremayr & Scheriau (2013)

Robert Seydel: Die Seitensprünge der Habsburger. Liebesrausch und Bettgeflüster einer Dynastie, Verlag Carl Ueberreuter (2005)

Martina Winkelhofer: Eine feine Gesellschaft. Skandale und Intrigen an Europas Königs- und Kai-serhäusern, Piper Verlag (2016)

Merete van Taak: „Die Affairen gehen gut". Metternichs kleiner Kongress 1818, Droste (1988)

Philippe Ariès, Georges Duby: Die Geschichte des privaten Lebens (5 Bände), Bechtermünzverlag (1999)

Karl Michael Kiesler: Alt-Wiener Bilderbogen. Von Majestäten, Leinwandhelden und Grabennym-phen, W. Toman Verlag (1986)

Anna Ehrlich: Auf den Spuren der Mutzenbacher. Eine Sittengeschichte, Amalthea (2012)

Michaela Lindinger: Wien, Hauptstadt des Sex. Geschichte und Geschichten aus Wien, Amalthea (2016)

Michaela Lindinger: Außenseiter, Sonderlinge, Femme Fatales, Amalthea (2015)

Anton Neumayr: Musik und Medizin. Am Beispiel der Wiener Klassik, J&V Edition Wien (1988)

Volkmar Braunbehrens: Mozart in Wien, Piper (1986)

Brigitte Hamann: Mozart. Sein Leben und seine Zeit, Verlag Carl Ueberreuter (2006)

Helmut Kretschmer: Wiener Musikergedenkstätten, J&V Edition Wien (1992)

Gunda Brath-Scalmani, Brigitte Mazohl-Wallnig: Genie und Alltag. Bürgerliche Stadtkultur zu Mozarts Zeiten, Otto Müller Verlag (1994)

Michèle Lhopiteau-Dorfeuille: Wolfgang Amadeo Mozart „rêver avec les sons", Éditions Le bord de l'eau (2011)

Dorothea Leonhart: Mozart, Diogenes Verlag (1996)

Gernot Gruber: Mozart verstehen, Residenz Verlag (1990)

Elke Herzog, Georg von Turnitz: Musikeranekdoten, Wilhelm Heyne Verlag (1981)

Guy Wagner: Bruder Mozart. Freimaurer im Wien des 18. Jahrhunderts, Amalthea (1996)

Hilde Schmölzer: A schöne Leich. Der Wiener und sein Tod, Haymon Verlag (2015)

Ehrengräber am Zentralfriedhof, Compress Verlag (1995)

Friedhof Wien: Ehrengräber Band 1-3, Friedhöfe Wien (2019)

Quellen:

Gérard van Swieten: Vampyrismus (1768)

Philipp Lorenz Geiger: Handbuch der Pharmacie zum Gebrauche bei Vorlesungen und zum Selbstunterrichte für Ärzte, Apotheker und Drogisten (1839)

Hildegard von Bingen: Das Buch von den Tieren (Liber simplicis medicinae) (um 1150)

Karl Schrauf, Acta Facultatis Medicae Universitatis Vindobonensis Band 1-3 (1399-1558), Ed. Paul Uiblein

Joseph Richter, Taschenbuch für Grabennymphen (1787)

Publikationen:

Warzenkraut und Krötenstein, Sonderausstellung Landesmuseum St. Pölten (2015)

Martin Walraff: Ego sum ostium. Theologische Zeitschrift, Basel (2006)

Tita Büttner: Mozart. Auf den Spuren eines Genies. Ein Stadtspaziergang, https://www.wien.info

Pierre Pfütsch: Aderlass, Purgation und Maulbeersaft. Gesundheit und Krankheit bei Ernst Adalbert Harrach, Forschungen und Beiträge zur Wiener Stadtgeschichte (2013), Verein der Geschichte der Stadt Wien

Gunda Barth-Scamani: Hebammen in der Stadt. Einige Aspekte ihres Berufsstandes am Beispiel Salzburg vom 17. bis zu Beginn des 20. Jahrhunderts, Pro Civitatae Austriae (1997), Verein der Geschichte der Stadt Wien

Felix Czeike: Geschichte der Wiener Apotheken. Stadtgeschichte im Spiegel eines Berufsstandes, Forschungen und Beiträge zur Wiener Stadtgeschichte, Band 49 (2008), Verein der Geschichte der Stadt Wien

Kurt Ganzinger: 200 Jahre Wiener Allgemeines Krankhaus. Arneimittelwesen und Krankenhaus-apotheke, Forschungen und Beiträge zur Wiener Stadtgeschichte, Band 2 (1984), Verein der Geschichte der Stadt Wien

Heinz Flamm: Die Geschichte der Staatsarzneikunde, Hygiene, Medizinische Mikrobiologie, Sozialmedizin und Tierseuchenlehre in Österreich und ihrer Vertreter, Veröffentlichung der Kommission für Geschichte der Naturwissenschaften, Mathematik und Medizin (2012)

Monika Keplinger: Die „neuen Kliniken" des Wiener allgemeinen Krankenhauses, Dissertation (2010)

https://www.habsburger.net

http://www.drogistenmuseum.at

https://monuments.univie.ac.at/index.php?title=Arkadenhof_der_Universität_Wien

https://www.medinlive.at

DIE AUTOREN

Bibiane Krapfenbauer-Horsky
ist staatlich geprüfte Fremdenführerin sowie Kunst- und Kulturvermittlerin in Wien. Sie bietet ihren Gästen vor allem mit ihren zahlreichen themenbezogenen Spezialführungen Wissen auf höchstem Niveau.

http://www.krapfenbauer.eu/

Dr. Hans-Peter Petutschnig
ist seit vielen Jahren für die Pressearbeit und den Verlag der Wiener Ärztekammer verantwortlich. Er ist zudem stellvertretender Kammeramtsdirektor der Ärztekammer für Wien und organisiert zahlreiche kulturelle Veranstaltungen für Ärztinnen und Ärzte.

ABBILDUNGSNACHWEIS

akg images: 19, 20, 31, 61, 69, 77, 82, 89, 100, 107, 119

Andreas Praefcke (wikipedia): 115

Fotostudio Helmreich, Wien I: 25

Hagen Schaub: 72, 84

Lisa Hahsler: 168

Maximilian Schönherr (wikipedia): 15

Mozarthaus Vienna (David Peters): 111 (unten)

Museum für Franken (Würzburg): 37

ÖNB/Wien: 34 (Cod.med. gr. 1), 59 (Pb 207586-F.Por.Tafel 16), 80 (Pg III/3/100), 92 (Pf 15380.C(18)), 94 (PORT_00117489_01), 102 (Pg 450:I(48)), 104 (oben) (Pg 450:I(18)), 114 (Pk 353,116), 117 links (PORT_00158246_01), 127 (D 52348-B), 128 (PORT_00012651_01), 132 (AS Album 5,4), 133 (Pf 494:C(1)), 137 (268.657-D.Fid.)

Peter Gugerell (wikipedia): 146

Shutterstock: 95 (Everett Collection)

Simplymaps.de: 160, 161, 162, 163, 164, 165, 166 (jeweils Kartenbasis), 169

Stefan Seelig: 7, 8, 10, 12, 13 (beide), 14 (beide), 16, 18, 22, 24, 26, 28, 29, 33, 38, 41, 42, 44, 46, 48, 49 (alle), 51 (alle), 52 (alle), 53 (alle), 54, 55 (alle), 56 (alle), 57, 58, 60, 62, 65, 67, 71, 74 (beide), 79 (oben), 85, 87, 89 (unten), 91, 96, 97, 98, 101, 104 (unten), 106, 109, 111 (oben), 113 (beide), 116, 118, 120, 122, 123, 124 (beide), 125, 129, 130, 134, 138, 140, 141 (beide), 143 (beide), 144 (beide), 147, 149, 150, 153, 158

Universitätsbibliothek MedUni Wien: 117 (rechts)

Wien, Schatzkammer und Museum des Deutschen Ordens: 23

www.pixabay.com: 14 (OpenClipart-Vectors)

DIE ROUTEN

TOUR 1

Treff 1: Stephansdom
Treff 2: Churhaus
Treff 3: Deutschordenshaus
Treff 4: Weihburggasse 10–12
Treff 5: Pestsäule am Graben

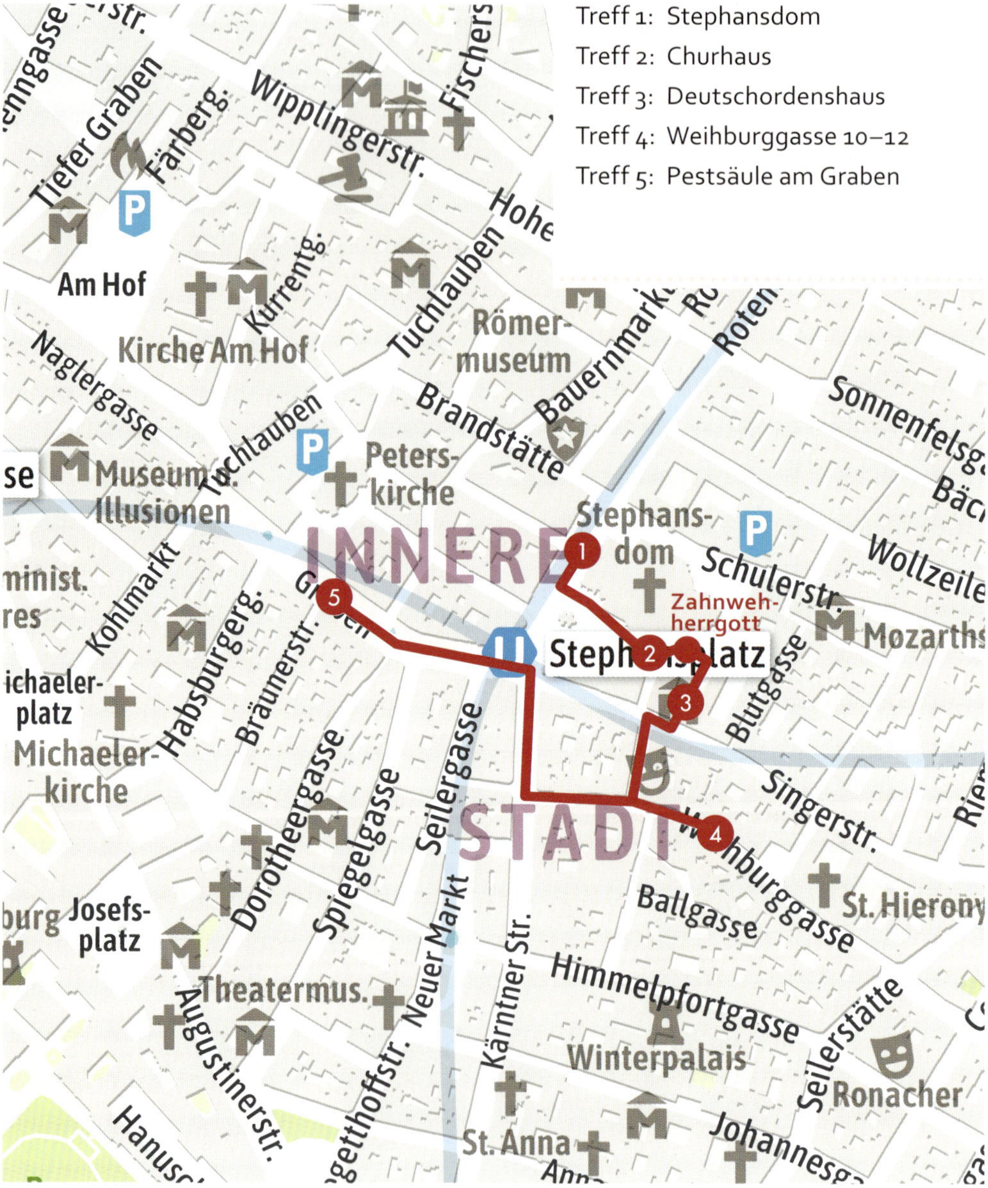

TOUR 2

Treff 1: Griechenviertel

Treff 2: Lugeck 6

Treff 3: Altes Universitätsviertel

Treff 4: Heiligenkreuzerhof

TOUR 3

Treff 1: Arkadenhof der Universität

Treff 2: Altes AKH

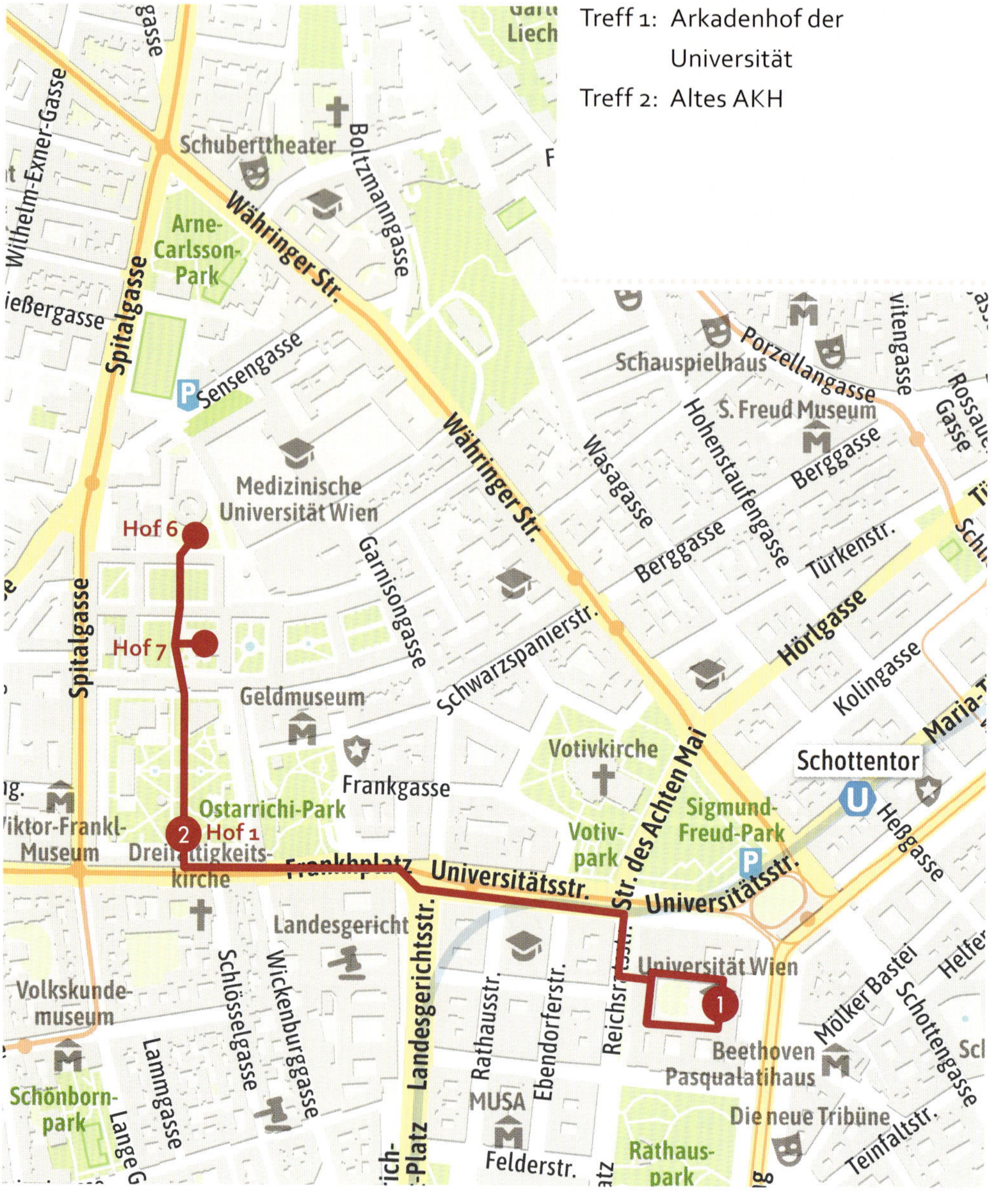

TOUR 4

Treff 1: Maria-Theresien-Platz
Treff 2: Heldenplatz
Treff 3: Elisabeth-Denkmal im Volksgarten

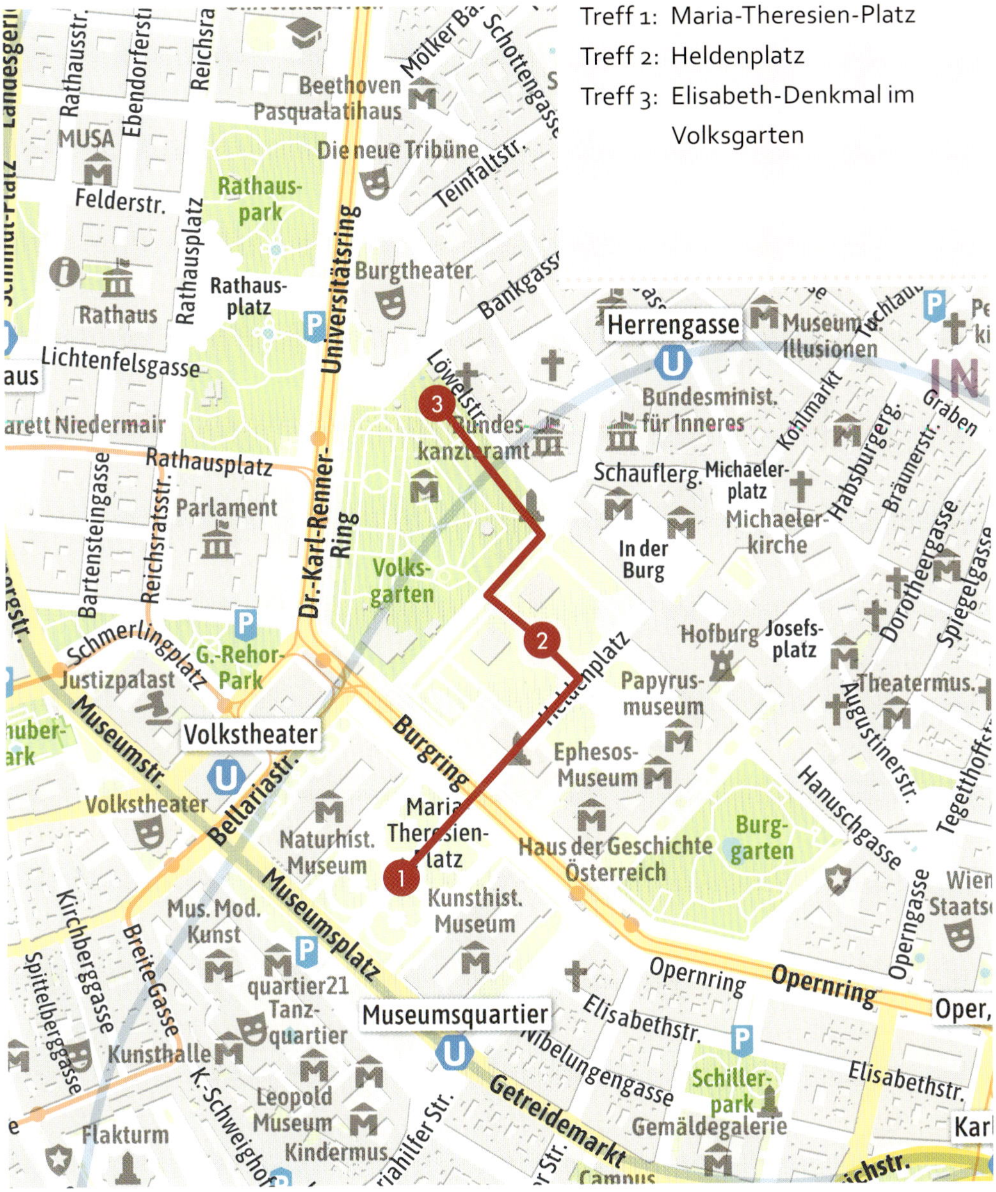

TOUR 5

Treff 1: Michaelerplatz
Treff 2: Josefsplatz
Treff 3: Hotel Sacher
Treff 4: Franziskanerkirche

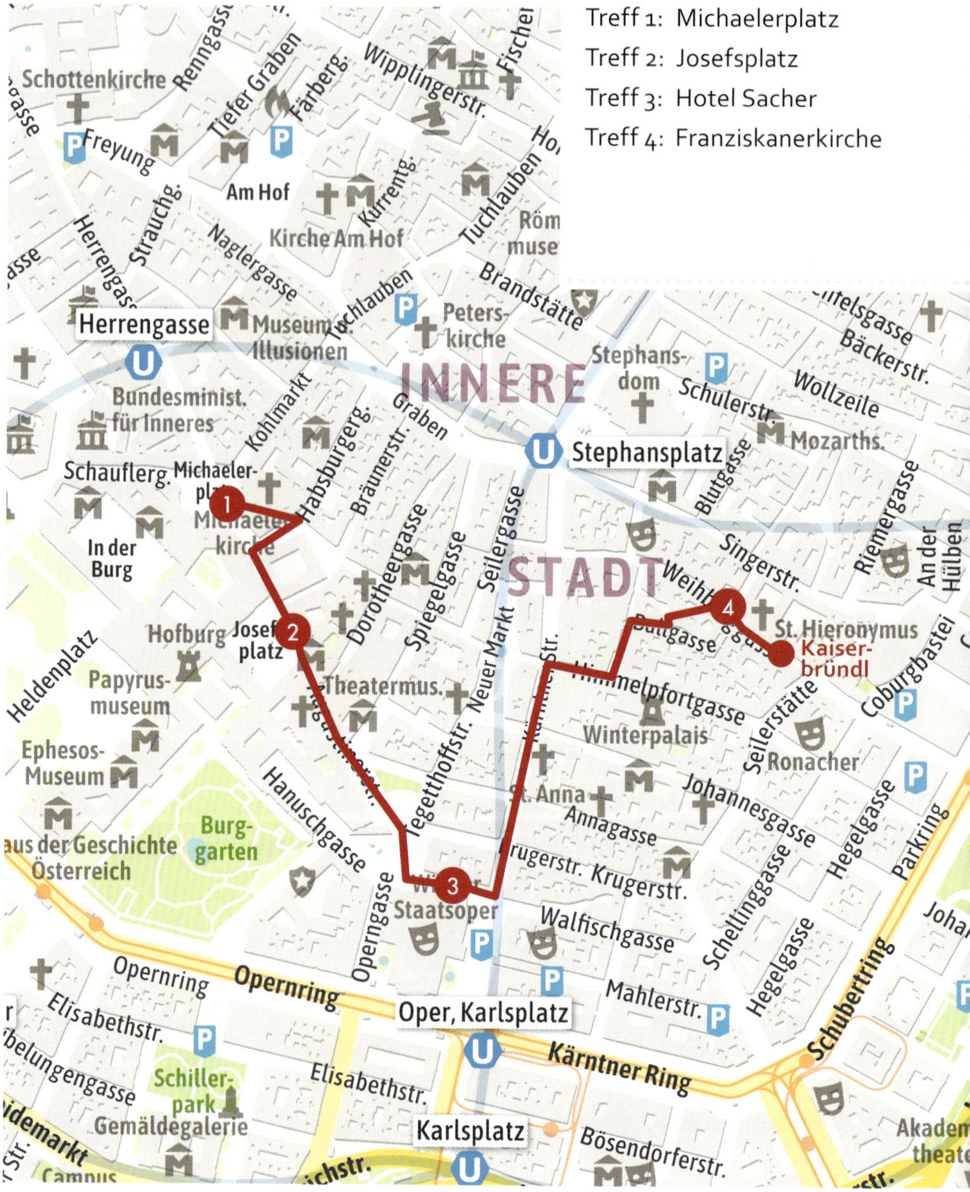

TOUR 6

Treff 1: Palais Collalto, Am Hof 13
Treff 2: Judenplatz 3–4
Treff 3: Milchgasse 1/Petersplatz 8
Treff 4: Graben
Treff 5: Stephansplatz/Dom
Treff 6: Domgasse 5/Mozarthaus
Treff 7: Rauhensteingasse 8

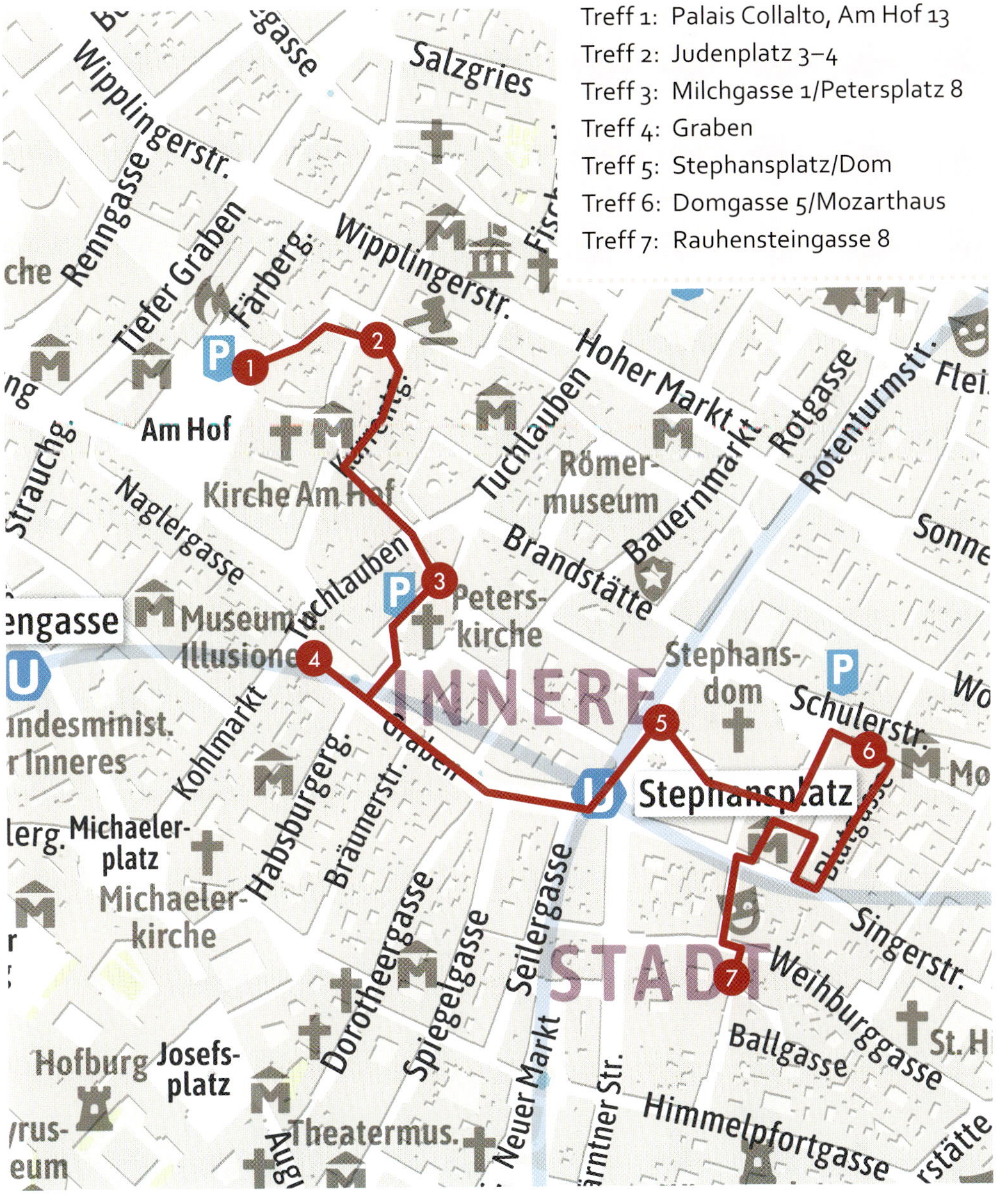

TOUR 7

Treff 1: Josephinum
Treff 2: Boltzmanngasse
Treff 3: Sensengasse/Spitalgasse
Treff 4: Lazarettgasse
Treff 5: St Anna Kinderspital
Treff 6: Mariannengasse

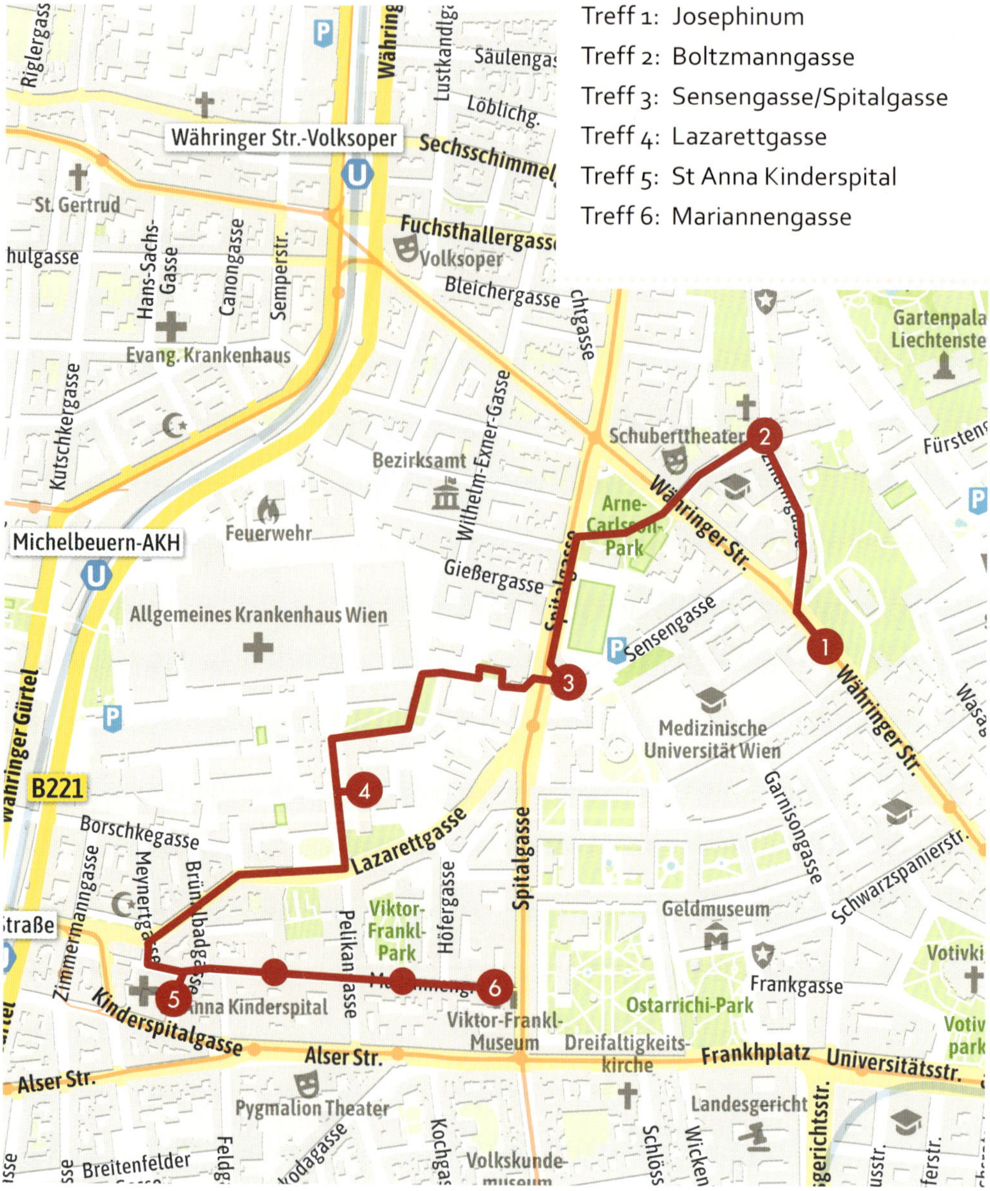

TOUR 8

Treff 1: Zentralfriedhof, Eingangstor
Treff 2: Gruppe 30 A
Treff 3: Gruppe 14 A
Treff 4: Gruppe 32 C
Treff 5: Gruppe 33 E

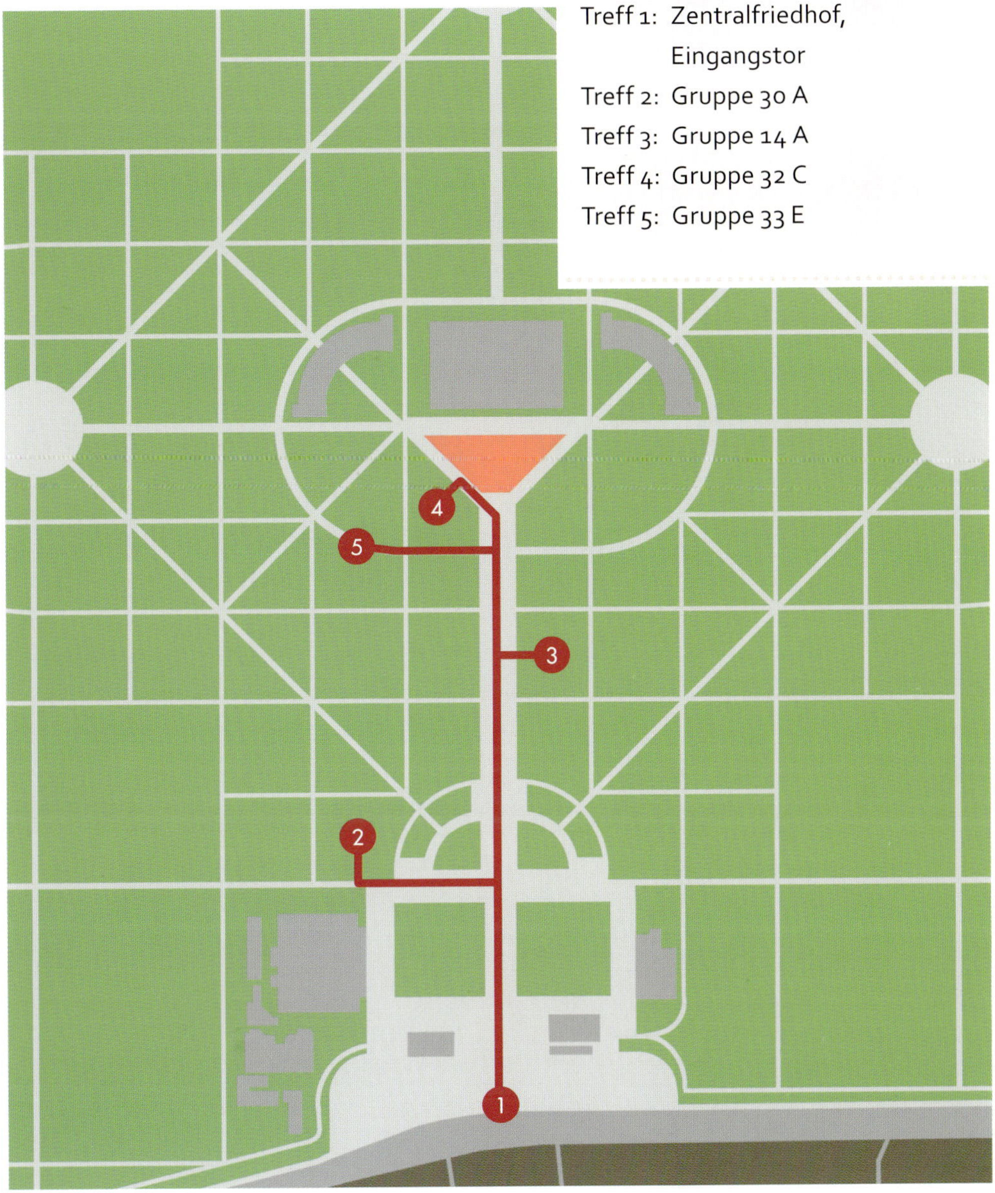

STADTFÜHRUNGEN

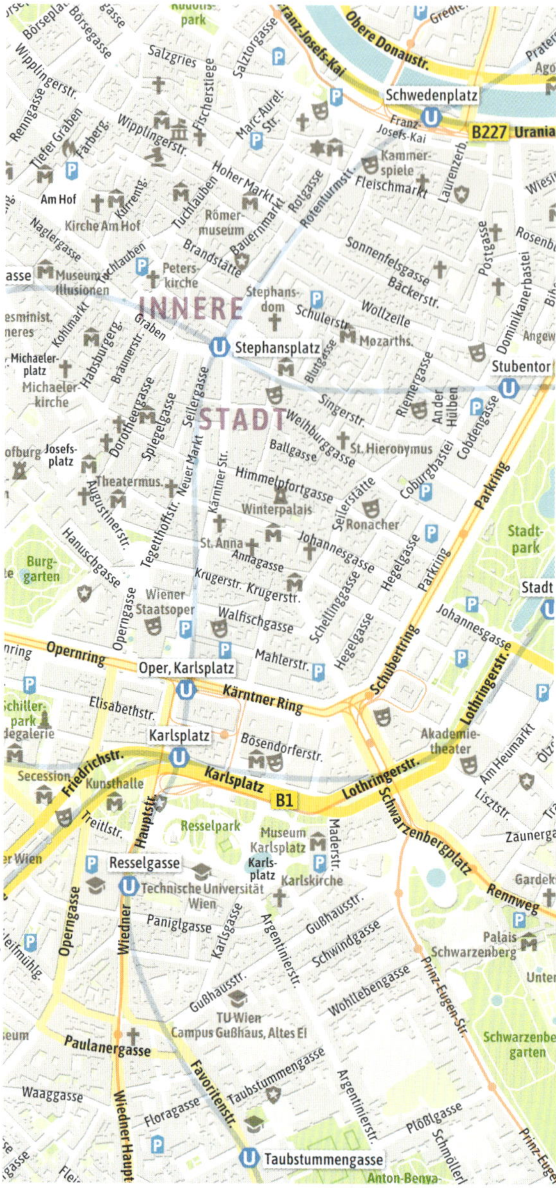

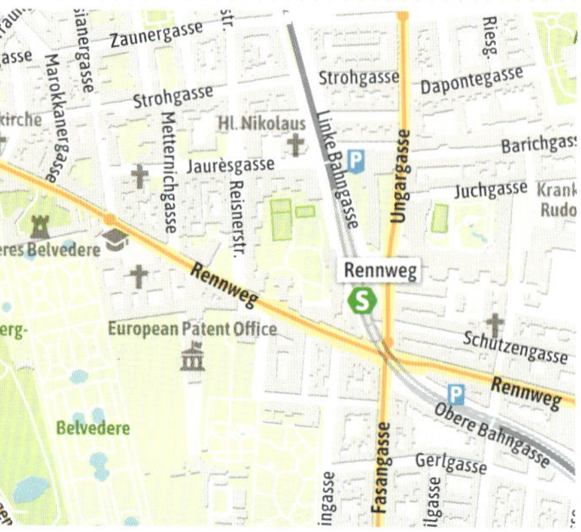

Informationen zu Führungen zum Thema „medizinisches Wien" finden Sie unter www.krapfenbauer.eu